鸿蒙生态

开启万物互联的智慧新时代

李洋◎著

電子工業出版社
Publishing House of Electronics Industry
北京•BEIJING

内 容 简 介

本书尝试从科普、专业与工具三个方面介绍鸿蒙。

科普是指通过相对通俗易懂的方式，让读者了解鸿蒙，懂得在新科技发展机遇面前，如何参与并应用鸿蒙，以带来更好的体验。专业是指在内容安排上从初识鸿蒙、鸿蒙万物智联、鸿蒙智能设备创新、鸿蒙应用服务创新、OpenHarmony与鸿蒙发行版，以及鸿蒙场景、生态与社会影响方面全面、客观地分析鸿蒙生态的构成和其发展趋势。工具是指本书抛砖引玉的性质，如果读者想深入参与鸿蒙开发，书中也有进一步钻研的提示，希望本书能成为大家深度参与鸿蒙开发的指引。

本书面向鸿蒙生态全人群，包括鸿蒙官方、相关管理机构、商业决策者、开发者、终端用户等。

图书在版编目（CIP）数据

鸿蒙生态：开启万物互联的智慧新时代 / 李洋著. —北京：电子工业出版社，2021.10

ISBN 978-7-121-41981-2

Ⅰ. ①鸿… Ⅱ. ①李… Ⅲ. ①分布式操作系统－系统开发 Ⅳ. ①TP316.4

中国版本图书馆CIP数据核字（2021）第186406号

责任编辑：石 悦　　特约编辑：田学清
印　　刷：天津嘉恒印务有限公司
装　　订：天津嘉恒印务有限公司
出版发行：电子工业出版社
北京市海淀区万寿路173信箱　　邮编：100036
开　　本：880×1230　1/32　印张：9　字数：210千字
版　　次：2021年10月第1版
印　　次：2021年10月第1次印刷
定　　价：79.00元

凡所购买电子工业出版社图书有缺损问题，请向购买书店调换。若书店售缺，请与本社发行部联系，联系及邮购电话：（010）88254888，88258888。

质量投诉请发邮件至zlts@phei.com.cn，盗版侵权举报请发邮件至dbqq@phei.com.cn。

本书咨询联系方式：010-51260888-819，faq@phei.com.cn。

前言

Preface

本书特色与适读人群

在 PC 互联网、移动互联网体系中，大家比较熟悉计算机、手机、网站与 App 等；除了从事操作系统相关的行业人士，大家都不太了解操作系统的相关事项。

其实，世界上几个主要的操作系统都在影响着我们日常的生活、工作，我们都在基于它们提供的各项基础服务之上使用计算机、手机、网站、App 等各种网络硬件、软件。对于我们每天所依赖的事物，自己却知之甚少，这难道不会激发我们的好奇心吗?

HarmonyOS 即鸿蒙操作系统，它是基于未来、基于全场景与分布式的新一代操作系统，这种操作系统既是对传统的各种操作系统的学习与传承，又和它们完全不一样。

笔者是这样理解鸿蒙操作系统的：基于未来，就是鸿蒙操作系统充满着不确定性和想象性，不会被已有的各项条条框框所左右，满足未来社会、用户变化的需求是鸿蒙操作系统发展的原动力。基于全场景，就是通过以鸿蒙操作系统为基础的各项信息技术突破的综合应用，构建一个以人为中心的全新的万物互联智慧新世界。分布式就是无处不在，触手可及，各种智能设备与应用服务能力之间的协助、协调、协同、无缝流转与融合。

笔者认为鸿蒙操作系统的诞生和逐步发展会深刻地改变我们每个人的生活与工作的各个方面，而我们每个人都有权利和义务对影响我们的科学技术进行了解、关注与知悉。所以，笔者试着从科普、专业与工具三个方面进行介绍。

科普，即通过相对通俗易懂的方式，让广大的读者了解鸿蒙操作系统，介绍在一个新的科技发展机遇面前大家如何参与鸿蒙生态，或者作为一个普通的用户提前了解鸿蒙生态将会给我们的工作、生活等带来的改变。

专业，笔者认为主要体现在本书的章节安排与具体内容上，本书总共分为 6 章，比较全面、客观地分析了鸿蒙生态的构成，预测了未来发展的趋势。

第 1 章是初识鸿蒙，笔者从名字含义、用户体验、技术创新等多个角度阐述，让读者对鸿蒙有整体的认知。第 2 章是鸿蒙万物智联，笔者对鸿蒙操作系统发展的宏观环境和 PC 互联网、移动互联网、操作系统的发展历程进行了简要的梳理总结，展望与分析基于鸿蒙操作系统的万物互联智能世界中的各项发展机遇。第 3 章是鸿蒙智能设备创新。第 4 章是鸿蒙应用服务创新，系统阐述了基于鸿蒙操作系统的新体系中的智能设备及相关的各个角色，各项软件应用服务及相关各个角色的定位、创新与发展空间。第 5 章是 OpenHarmony 与鸿蒙发行版，开源与发行版是非常专业的领域，一般只是在和鸿蒙技术开发直接相关的群体里传播与流行，笔者尝试将本内容进行大众化的展示，让只属于“少数人的技术专利”走近所有的读者。第 6 章是鸿蒙场景、生态与社会影响，本章是对鸿蒙基于现实场景让人们生活、工作等更加美好的各项具体应用的分析与憧憬，同时对鸿蒙与生态各个角色的意义和价值等进行了细致探讨，还对鸿蒙生态可能对全社会的个人、家庭、企业、商业、服务、公共管理与全球化发展产生的各项影响进行了分析。

工具，指的是本书抛砖引玉的性质，从各个维度对鸿蒙生态进行分析，如果读者对鸿蒙生态中的某个角色或者流程等感兴趣，本书中有进一步深度钻研与发展的各项提示，希望能成为大家深度参与鸿蒙开发或者使用鸿蒙的工具指引目录。

本书面向鸿蒙生态全人群，可以供华为鸿蒙官方参考、相关管理机构了解。本书为想从各个角度与流程参与鸿蒙生态的企业决策者提供了商业财富地图，是基于鸿蒙操作系统的应用、设备、芯片、移植、内核、驱动、子系统、组件、发行版等技术开发人员的入门参照教程；本书可以作为智能设备、芯片、器件、模组及开发板等各类厂商的入门指引，也可以作为想在鸿蒙操作系统应用服务上有所作为的企业、商户、各类网站、App 平台等决策参考的依据；本书还是智能硬件或应用服务等方案设计公司、投资公司参与鸿蒙生态的基础工具图谱。

如前面所言，鸿蒙生态的终端用户通过阅读本书可以更好地掌握、应用最新发展的科技工具，让自己的生活、工作更加美好。

另外，由于鸿蒙操作系统的全球化视野与科技创新特征，本书涉及许多专用单词、缩写与专门的英文内容，笔者采用了保留原有英文和加注释、翻译的方式进行阐述，尽量保证其确切的含义；同时笔者在每章中对一些观点和概念等，尝试引用中国历史流传的俗语、成语、古文、优秀诗词与解释来进行说明。所以，笔者认为古今语言融合的尝试性创作方式，也是本书的一个特色。

创作感言与感谢名单

笔者非常荣幸有机会和电子工业出版社博文视点公司合作出版本书，这本书是关于万物互联智能世界中鸿蒙操作系统生态的组成与各个角色未来发展机会等的分析。同时，笔者也非常感谢鸿蒙操作系统的诞生、发展和鸿蒙生态的开放，给我们共同参与、并肩战斗的机会。

感谢与笔者在鸿蒙生态发展事业上一路前行、共同学习成长并一起努力的奋斗者们：51CTO 战略合作共建 HarmonyOS 技术社区的王雪燕、杨文浩等，电子发烧友战略合作共建 HarmonyOS 技术社区的周庆祥等，电子工业出版社博文视点公司石悦编辑等，华为开发者联盟 HarmonyOS 官方论坛的杨林等，同为鸿蒙先行者的张荣超、李宁、连志安、韦东山等，以及刘果、欧建深、李传钊、史万林、谢根贵、喻波、张伟、高莹、杨妮、郑诗浩、于小飞、周清城、韦桂新、潘怡、钟海林、郭奇鑫等，正是因为得到你们的引导、鼓励和帮助，笔者才会一路奋勇前行。

阅读建议

读者可以从本书的第 1 章或者第 2 章开始阅读，通过阅读这两章可以对鸿蒙的基本概念、宏观背景、全书内容等有基本的了解。第 3 章、第 4 章、第 5 章内容的专业性相对比较强，主要讲的是智能设备、应用服务、开源相关的内容，建议读者先快速通读，再选择自己感兴趣的部分精读。第 6 章是前面 5 章的汇总与综合应用，需要有前面 5 章的知识基础才能更好地理解和体验。

由于本书涉及的方面非常广泛，知识点繁多，笔者的知识、水平与经验有限，所以本书一定会有很多不完善的地方，还请读者批评指正。

科技创新的星辰大海，拥有无限可能，让我们共同创造美好未来。

李　洋
2021 年 1 月 31 日于深圳

目录

Contents

目录

Contents

第 1 章
初识鸿蒙

1.1 概说鸿蒙

1.1.1 鸿蒙缘起

一个好的名字与寓意往往预示着一件事情的起点、发展与未来都将很美好。中华优秀传统文化源远流长、博大精深，中国人无论是对新生儿还是对新生事物的命名都是非常讲究的。

华为从中华优秀传统文化中汲取精华，其很多产品的名称就来源于中国古代的神话故事，鸿蒙操作系统中的“鸿蒙”一词，也源于中国古老的传说。

据考证，鸿蒙一词在《山海经》《庄子·在宥》《西游记》等中国古代书籍中出现过，《现代汉语词典》（第 7 版）中对“鸿蒙”的解释是“古人认为天地开辟之前是一团混沌的元气，这种自然的元气叫作鸿蒙”。“天地开辟”“混沌”的含义则正好和操作系统的特性，特别是鸿蒙操作系统连接、总控、赋能智慧物联网世界各项设备与应用软件，面向未来、面向全场景的分布式特性相吻合。“鸿蒙”这个名字预示着一个全新的基于鸿蒙操作系统的万物互联智慧新世界的到来。

2019 年，华为让通信、PC 互联网、移动互联网与物联网行业内人士等最关注的事件之一就是发布操作系统“鸿蒙”，其英文名称为 HarmonyOS。

由于操作系统开发和基于操作系统生态建设的难度大，鸿蒙操作系统前期只是在电视智慧屏上使用，并没有完全体现和其他操作系统的差异性、特色优势等，所以业内的观望者居多。但是在 2020 年的华为开发者大会上，HarmonyOS 2.0 版本的发布让人眼前一亮，特别是开源的路径图、生态建设的各项计划、HUAWEI DevEco Studio 面向华为终端全场景多设备的一站式分布式应用开发平台与 HUAWEI DevEco Device Tool HarmonyOS 智能设备一站式集成开发环境的发布等，让对鸿蒙操作系统充满期待的关注者们兴奋不已，让 2019 年的观望者逐渐转为期望者与参与者。

新生事物，特别是巨大美好变革的体系，其形成和发展是需要一个过程的。新生事物的形成与发展在整个社会中往往会经历从质疑、观望、期望到先知先觉、疯狂追随与普惠的阶段。由于认知、现有体系的依赖等各方面的原因，很多人对创新与未来的趋势是没有感知能力的或者是抗拒的，而在这个发展的过程中，对于先知先觉者们往往也是巨大挑战与无限机会并存的。

2020 年 12 月 16 日，HarmonyOS 2.0 手机开发者 Beta 版本在北京发布。鸿蒙操作系统发展的各项计划如期实现，不仅给先行先试者们足够的信心与强大的动力，也让越来越多的人开始了解、关注鸿蒙操作系统。

笔者认为鸿蒙操作系统带来的变革和对整个硬件、软件生态的发展是属于世界范围内的科技新浪潮，笔者将从鸿蒙生态先行者的角度，客观地表述对鸿蒙的认知与发展预测。

基于对网络及科技行业发展的热爱与钻研，笔者坚信鸿蒙发展的美好未来会深刻影响每位读者的生活和工作。所以，让我们更加深入地了解鸿蒙，共同参与这次新科技浪潮，并共享各种机遇吧！

1.1.2 新生态变革

本书的第 2 章会对 PC 互联网、移动互联网生态进行简要的分析，从分析中可以明确地知道芯片与操作系统是整个生态的核心，芯片决定着硬件各项功能的实现，操作系统连接、控制、赋能并决定着硬件、软件应用生态。

从某种意义上来讲，操作系统就像土壤一样，决定着整个生态系统的发展与繁荣。笔者认为华为构建万物互联智能世界，鸿蒙操作系统有着极其重要的战略意义。

鸿蒙官方的概述是“HarmonyOS 是一款面向未来、面向全场景的分布式操作系统。HarmonyOS 基于同一套系统能力、适配多种终端形态的分布式理念，能够支持多种终端设备”。

世界是不断进步的。华为打造的新一代操作系统，绝不是对其他操作系统的简单重复与替代。从纵向时间轴上来看，鸿蒙操作系统是基于未来智能世界需求的设计。从横向时间轴上来看，设备、应用层面基于除传统计算机、手机等以外的更多智能设备接入与全场景应用来规划。对于现有的操作系统，鸿蒙操作系统更多的是升级并代表着一个新的发展方向。

笔者认为通过鸿蒙操作系统及与之匹配的芯片，连接、智能化升级都基于 PC 互联网、移动互联网之外的更多设备；连接与诞生基于未来全场景的全新的应用服务体系，是鸿蒙构建万物互联智能世界的重要使命。

基于鸿蒙操作系统全新的理念，用户可以根据自己的需要使用合适的设备，获得流畅的个性化应用服务体验。用户在不同的设备之间快速连接、切换、调用多种功能与资源共享将成为现实。

在 PC 互联网、移动互联网时期，在一些传统物联网平台上，总会有在计算机、手机、其他物联网设备端割裂的体验，不同客户端下载、注册、登录等各项烦琐操作。在鸿蒙操作系统生态中，用户会被各种设备应用主动服务。关于各项具体的细节，笔者将在“以消费者为中心”的章节中详细描述。

对于设备开发者与设备供应商来说，我们从互联网全球联网、功能手机升级为智能手机的发展历程中可以清晰地看到各项没有联网与智能化升级的设备；各项已经局部入网的智能化设备在鸿蒙操作系统生态面前都获得了一次巨大的机会，同时也面临着很大的挑战。

是升级还是不升级，什么时候进入最合适，局部网络是否融入鸿蒙整体网络，智能化的具体场景和功能要求是什么样的，这一系列问题将摆在各个硬件厂商决策者面前。在后面的章节中会详细分析这些问题。

对于软件开发者与软件应用者来说，一个以统一所有智能设备、以用户为中心的全新应用软件时代正在开启。

我们后续会分析在 PC 互联网时代为用户提供服务的主要是 Web 网站的形式，在移动互联网时代为用户提供服务的主要是客户端应用的形式。

那么，在万物智联时代新服务应用的形式会是什么样的呢？对传统应用生态的变革又将会怎么发生呢？我们在后续章节中会详细讨论这些问题。

鸿蒙生态系统还包括和鸿蒙官方合作的社区媒体，软件/硬件解决方案服务商，芯片、模组、其他器件等厂商，南向设备、北向应用、芯片移植、驱动、组件等的开发工程师们，鸿蒙发行版开发者及主流投资公司，本书会一一进行阐述。

1.1.3 谁的鸿蒙

鸿蒙诞生于华为，华为倾注了大量的精力和心血来培育鸿蒙，看到鸿蒙不断发展强大，很多人会说："鸿蒙就是华为公司的嘛。"我们不禁要问，鸿蒙真的就仅仅属于华为吗？

我们从源代码这个角度来看，华为已经把鸿蒙操作系统的源代码捐赠给开放原子开源基金会，并向开放原子开源基金会捐赠鸿蒙文档、开发环境。开源的鸿蒙项目名为 OpenHarmony。

我们先来简单了解一下开放原子开源基金会的情况，笔者在 2020 年 12 月从开放原子开源基金会官方网站了解的信息如下：开放原子开源基金会是由中华人民共和国民政部登记、中华人民共和国工业和信息化部主管的基金会，是致力于开源产业公益事业的非营利性独立法人机构，践行“一切为了开发者，一切为了全世界”的使命。

笔者在 2020 年 12 月从 Gitee 代码托管和研发协作平台上了解到开放原子开源基金会对 OpenHarmony 项目的部分介绍：“OpenHarmony 是开放原子开源基金会旗下的开源项目，定位是一款面向全场景的开源分布式操作系统。第一个版本支持在 128K-128M 设备上运行。”关于 OpenHarmony 与开放原子开源基金会的相关内容会在第 5 章进行详细阐述。

鸿蒙操作系统开源的问题显示了华为的胸怀。同时，华为官方表示鸿蒙操作系统开源也是为了解决安全和应用开发的问题。鸿蒙操作系统开源不是传统的主要基于单设备或者几个设备的开源或闭源，开放或者封闭操作系统，而是面向未来、面向全场景的分布式发展。因为系统开源，全球的开发者都可以对鸿蒙操作系统进行研究、使用、参与，这会让鸿蒙操作系统更加完善，应用开发也是同样的道理。

从源代码开源这个层面来讲鸿蒙不仅属于华为，还属于全世界参与的开发者们。另外，从生态角度来讲，鸿蒙起始于华为，华为投入了大量的人力、物力等在推进鸿蒙的相关工作上，但是仅靠华为的力量是不能把鸿蒙的生态系统建立起来并获得持续发展的。

鸿蒙生态系统建立过程中的每个角色都在贡献力量，全球都有参与者，包括消费者、用户、媒体、社区、芯片厂商、模组厂商、其他器件厂商、解决方案服务商、硬件产品品牌商、应用服务软件公司、各个岗位的技术开发人员、管理机构、出版鸿蒙书籍的出版社，还有笔者没有列举出来的参与者等，所有人的参与才会让鸿蒙生态系统蓬勃发展，生生不息。

笔者认为鸿蒙诞生于华为，既属于华为，又属于每个参与者。但是，鸿蒙一定会有深深的华为印记与特征，而华为作为中国优秀的公司，也是各企业经营方面学习的榜样。比如本书后续中关于基于鸿蒙的设备，有些地方叫南向设备，应用软件服务叫北向应用，这都属于华为内部使用；笔者认为之所以称为南向、北向，是基于我们地理知识中的“上北下南”；应用软件数据存储于云端，是在上方的，所以称为北向应用；智能设备相对于应用软件与各项数据，是处于下方的，称为南向设备；这样北向应用与南向设备就好理解了。

当然，笔者坚信在发展的大趋势下，每位努力付出的人都会有所收获。通过以上各角度分析，不言而喻，鸿蒙不仅属于华为，还属于每个参与者。

1.2 以用户为中心

1.2.1 需求与持续发展

世界主流的营销、品牌理论与实践等，都逐步导向以人为中心；通过产品、服务、品牌营销等抢占用户与消费者。《华为公司基本法》里早就明示了“为客户服务是华为存在的唯一理由”，终端消费者是用户的终极承载体，科技创新最终是为人服务的，以人为本。

起始于华为消费者业务部的鸿蒙操作系统，秉承了以消费者为中心，满足消费者需求和持续发展的理念。

鸿蒙官方定义中对消费者的部分描述如下：“对于消费者，HarmonyOS 将生活场景中不同的终端设备之间的快速连接、能力互助、资源共享，匹配合适的设备、提供流畅的分布式全场景体验。”其中，分布式、全场景都为消费者提供个性化的、因时因地因物的最佳使用与互动体验。

以上概念体现了华为消费者业务部可持续发展中的“人人都能无障碍使用”，对所有消费者实现“数字包容”，智能物联产品不仅引领行业发展，而且带给消费者最佳的全场景生态体验等一系列为消费者服务的思想理念与实践。笔者认为，让终端用户体验不断得到提升，让他们探索与享受更美好的数字智能生活，是华为设计鸿蒙操作系统的初心和归宿。

1.2.2 设备与应用创新

鸿蒙操作系统的整体设计基于人的需求，以人为中心。对传统的硬件和局部互联智能化的硬件进行了整体联网、全面智能化、相互融合而又可独立运行的升级。

新硬件以手机为中心，以手机为打开全场景智能连接的总钥匙，用设备围绕人进行安全高效的运行与服务，基于人的需求融合出最佳体验。

在设备与用户交互的环节中，鸿蒙操作系统进行了很多的创新。让各场景、各设备与人的互动更加简单高效；所有设备、场景交互以人为核心，通过语音、触碰、视觉等多种方式，达成一致交互，智能协同，流畅体验；让用户在不同的设备、场景中切换自如，使设备与用户的交互像朋友之间的交流一样自然。

新的物联智能网络，一定有其匹配的新的服务应用表现形式。就像移动互联网的应用和互联网的网站给人不同的体验一样，基于鸿蒙操作系统的新应用服务也将别具一格。

新的应用与服务形式因人而异，按需呈现与实现。鸿蒙应用能在各个设备组合中轻松调用不同功能，充分发挥不同设备的优势。应用服务跟随用户在不同场景中的需求无缝流转，让用户摆脱单设备应用限制与传统网站、客户端的各项束缚，简单高效，使用舒心。

1.2.3 用户全新体验

科技进步的发展对我们未来生活的改变远远超出我们的想象，很多时候需要产品服务等完整地呈现在我们面前，在使用时，我们才能真实地感受其价值。当然，在经过前面的分析和实际了解后，得知很多人在接触鸿蒙并了解鸿蒙后会随口说出或者提出质疑：所有设备连接起来并智能化，有必要吗？花那么大的精力与代价发展鸿蒙，这对生活、工作等有很大的意义吗？如果设备的生产成本增加，价格提高，厂家还愿意升级吗？等等。

下面我用亲身经历来谈谈对社会科技进步过程中各种质疑观念的看法。

一次偶然的机会，朋友向我推荐了一台家用净水器，将净水器直接装到自来水管的出水口上，流出来的水可以直接喝。我当时是抗拒的，心想怎么像回到小时候一样直接喝“井水”了！但是我夫人是很接受的，亲自提货并安装，家里两个孩子也愿意尝试。不久，家里的饮水机居然用不到了，喝水、烧水都从净水器里接。

这时候我开始真正担心了，这台净水器里出来的水是不是真的能让人饮用，净水器是不是大品牌的，有没有质量保障，售后是什么样的，滤芯多久更换，怎么知道滤芯要换了，等等。

毕竟一家人长期喝自来水，对身体影响很大，所以我反复和朋友了解这个机器的详细情况。我还了解到，现在有的农村也开始用这种净水器了。

我开始查看产品说明书，其中，我最担心的是滤芯已经很脏了，家里人却不知道，这是一件很可怕的事情。

写到这里，对鸿蒙有一定认知基础的读者应该和我有一样的想法，要是这个产品和手机一碰或者通过语音调用等方式连接起来，通过手机应用就可以对产品的所有信息了如指掌，还可以直接和厂家沟通，特别是在净水器要换滤芯时会提前自动提示，通过绑定的手机或者电视、手表等提示"我们家的净水器要换滤芯了"，或者在家里的小孩儿玩水龙头时提示"水正在哗哗地流"。

当然，还可以想象净水器和热水器连接起来，可以自动设置我们需要的水温；还可以想象将净水器和咖啡机、泡茶机、粉装牛奶、糖等连接起来，直接通过手机、电视屏幕等调配我们想要喝的饮料。

这一切是不是和鸿蒙的理念与实践吻合呢？这一切是不是不可抗拒的进步呢？这样的设备应用体系，你想体验和享受吗？当然，这一切的变革跟我们国家经济的不断发展、人们收入不断增加、生活水平不断提高等相关。

我们再来设想一个整体的场景：在手机、家电、智能手表、汽车都与鸿蒙操作系统连接后，用户无须下载、登录多个客户端，无须分别注册和登录，无须再熟悉各个客户端的界面与功能。

手机可以和电视自动连接，内容共享，自由切换；手机与家电碰一碰，可相互感应并联通，手机控制家电，一台台家电、健身设备变成了厨师、营养专家、洗衣专家、健身教练、烧烤达人等。

在外出跑步时，手机与手表互动，听音乐、看时间与各项运动监测指导全部可以实现；手机与汽车互动，通过手机知道汽车的各项情况，还可以在家中和电视互动，一起远程遥控汽车，手机、电视上的所有内容和智能物联汽车自由切换。汽车实现自动驾驶，也就成了一个移动的智能房屋、一个移动的娱乐影院、一个移动的游戏厅、一个移动的会客厅等。

通过以上举例，笔者想要说明的是，科技进步在适应我们的同时，也在让我们的生活、工作更加美好。

各项硬件产品自动化、联网化、智能化是一个必然的趋势。同时，随着技术的进步与跨界的融合，各个产品的竞争对手往往不是同行，而是其他领域的对手，所以无论是产品场景还是应用平台，大家要拥抱新技术和新变化，用新技术更好地为消费者服务。谁能在这次鸿蒙操作系统生态的变革中更好地服务消费者，谁就会在这轮竞争中胜出。

我坚信，鸿蒙操作系统和整体生态构建的万物互联智能世界，将会让所有的消费者参与进来，享受更加美好的生活。

1.3 鸿蒙技术创新

1.3.1 技术总览

在本节内容中，我们先对鸿蒙操作系统的整体技术构架进行了解。

第1章 初识鸿蒙

每个人和每位参与者对鸿蒙操作系统的认知与理解都是不一样的，本书并不是专业的鸿蒙操作系统开发图书，而是具有科普、工具性质的图书，适合所有想了解和参与鸿蒙操作系统生态发展的读者阅读。本书讲述的是科技创新的内容，不是讲述单项技术或者单个项目，涉及用户、各种智能硬件设备、操作系统、各种应用软件组成的全生态及对整个社会的智能物联化升级工程。所以，涉及的内容与知识点是非常纷繁复杂的，读者需要花些精力，才能理解本书的内容。

鉴于鸿蒙操作系统生态的先进性、复杂性与庞大性，本书试图从生态全貌、主要角色、流程三方面进行分析。

其实，现在很多人还没有深度接触鸿蒙操作系统。很多前期的参与者对鸿蒙操作系统的理解也是基于自身的认知与专业细分领域的理解。笔者创作本书的目的是希望大家阅读完全书后，会有“一览众山小”的感觉，会对鸿蒙操作系统相关的各事项了然于胸；同时，希望本书能让大家对鸿蒙操作系统有初步、整体、客观的认识，希望每位参与者都能找到在鸿蒙操作系统生态中的角色和位置。

相对于现有的操作系统而言，鸿蒙操作系统的总体创新主要体现在“未来、全场景、分布式，以手机为中心，支持多种终端设备”。

鸿蒙操作系统的整体创新让消费者更加舒适、愉悦、便捷地使用鸿蒙操作系统硬件与服务应用；让应用开发者更有创意，更能满足用户需求，更能高效、低成本地去创新；让设备开发者有机会融入一个巨大的生态系统，完全颠覆传统的设计、生产、销售流程与商业服务模式。具体表现为消费者通过鸿蒙操作系统可以让不同终端设备之间快速连接、能力互助、资源共享，匹配需要的设备，获得流畅的体验；应用开发者通过鸿蒙操作系统的多种分布式技术，让应用程序实现一次开发部署，不同终端设备适配，这能够让应用开发者更加专注具体的业务逻辑，更加便捷、高效地创新应用服务；设备开发者通过鸿蒙操作系统的组件化设计方案，可以根据设备配置和业务需求进行灵活调用、剪切，满足各种终端设备对操作系统的功能要求。

基于鸿蒙操作系统官方网站上公布的内容，笔者在 2020 年 11 月进行了统计汇总，盘点了进行鸿蒙技术开发服务等需要的团队成员与基本的知识、技能结构。每个具体的技术内容，都会在后面章节中详细介绍，本处就不单独说明了。另外，鸿蒙操作系统的发展日新月异，各项技术更新迭代很快，本部分内容主要是对基础和引入的方法、思维方式的分析，所以不管后续各项技术如何升级，都不影响读者对本部分内容的理解和学习。

具体汇总内容如下：

Linux 服务器环境搭建及应用，Windows 计算机开发环境准备及应用，HUAWEI DevEco Device Tool 智能设备一站式集成开发环境安装与环境内开发，HUAWEl DevEco Studio 华为终端全场景多设备的一站式分布式应用开发平台安装与平台内开发，各种 API 的调用。

开发语言暂时为 Java、Extensible Markup Language（简称

XML)、C 、C++、JavaScript(简称 JS)、Cascading Style Sheets(简称 CSS)和 HarmonyOS Markup Language (简称 HML)。

硬件芯片、模组、开发板、产品设计连接等相关知识。

从以上包含的各项技术点中可以分析出，鸿蒙操作系统从总体设计到设备、应用开发，是在综合应用世界现有先进技术积累和基础之上，先进行整合创新，再逐步推出自己的核心技术的。在整体分层设计的内核层、系统服务层、框架层和应用层中都可以看到这个思想和实践。在鸿蒙操作系统代码开发支持的多语言中，暂时都是国际通用和流行的技术，关于每种语言已经有很多非常专业的著作，在此笔者不再单独阐述。

笔者预测，在后续鸿蒙操作系统的发展过程中，用户、开发者等会逐步从内核无感发展到拥有核心技术，从适应现有的使用习惯到逐步实现未来全场景智能化。从鸿蒙 2.0 Beta 手机版的体验操作来看，对手机原有的 UI 界面没有明显的调整，兼容安卓应用等，可以清晰地感觉实施路径。

如前所述，鸿蒙操作系统的各项技术、版本等是在不断迭代、优化、升级的，是不断进步的。也许在本书出版时，以上的很多基础技术已经发生了根本性的改变。

我们再来分析一下鸿蒙操作系统的整体技术构架。

鸿蒙操作系统整体从下向上依次为内核相关、系统服务相关、框架相关和应用相关四部分。同时，基于整体技术框架，云侧端形成丰富的应用服务体系，设备端形成互联的智能全场景设备生态；基于应用服务，智能设备及核心框架的应用开发、测试、设计工具环境、智能设备开发工具环境由各种接口和能力支持平台组成。

如果以“人体”为例来说明这个构架，内核层就是大脑和基因，系统服务层和框架层就是骨骼、肌肉组织、神经系统、血液系统等，应用服务和智能设备就是眼睛、耳朵、鼻子、舌头、手、脚等和外界直接接触并完成各项动作的器官。

鸿蒙操作系统的功能按照系统、子系统、功能、模块分级分层执行，在各个设备开发时，鸿蒙操作系统支持根据实际需求调取必要的部分。图 1-1 为笔者参考鸿蒙官方网站关于鸿蒙操作系统的总体结构图等材料汇总的说明图。

鸿蒙操作系统的内核主要由内核和驱动构成。

内核包括 Linux 内核、HarmonyOS 微内核和华为前期研发使用的 LiteOS 等。由于鸿蒙操作系统是由多内核组成的，所以鸿蒙操作系统的内核通过抽象层的方式进行了统一的封装，通过抽象层对上层提供统一的基础的各项内核能力，包括进程、线程管理等，让上层感觉不到多内核的存在。

驱动主要涉及硬件的接入和管理，硬件驱动框架是鸿蒙操作系统硬件生态开放的基础，为各种设备与外设提供统一的访问能力和驱动开发、管理框架。

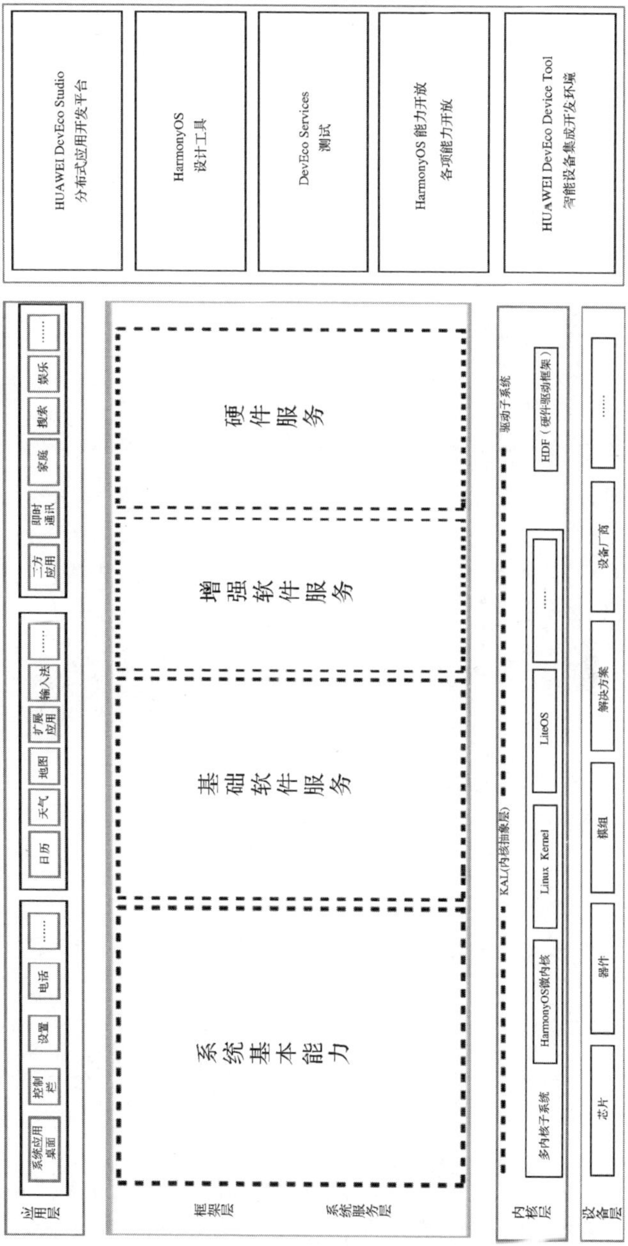

应用层
系统应用桌面
控制栏
设置
电话
……
日历
天气
地图
扩展应用
输入法
……
三方应用
即时通讯
家庭
搜索
娱乐
……

框架层
系统服务层
系统基本能力
基础软件服务
增强软件服务
硬件服务

内核层
KAL(内核抽象层)
多内核子系统
HarmonyOS微内核
Linux Kernel
LiteOS
……
驱动子系统
HDF（硬件驱动框架）

设备层
芯片
器件
模组
解决方案
设备厂商
……

HUAWEI DevEco Studio
分布式应用开发平台

HarmonyOS
设计工具

DevEco Services
测试

HarmonyOS 能力开放
各项能力开放

HUAWEI DevEco Device Tool
智能设备集成开发环境

图 1-1 鸿蒙操作系统技术整体组成

鸿蒙操作系统的系统服务层具体包括以下部分：

系统基本能力相关，由分布式软总线等部分组成，主要为应用服务运行、迁移等操作提供基本的保障。基础软件服务相关，进行公共的、通用的软件服务，由事件通知、电话等部分组成。增强软件服务相关，为不同能力的各种设备提供具有特色功能的软件服务，包括智慧屏专有业务等。硬件服务相关，由位置服务、生物特征识别等专门为硬件服务的多个部分组成。

根据不同设备形态的部署环境，各个系统集内部可以按子系统进行细分与调用。

框架层为鸿蒙操作系统的应用开发提供了 Java、C、C++、JS 等多种语言的用户程序体系支持和 Ability（能力）体系支持。具体由 Java UI 和 JS UI 框架、各种软硬件服务对外开放的多语言框架、API 等组成。基于整体技术框架，北向云侧端有应用服务体系，南向设备端不仅是全新的智能联网状态，还有为之配套的开发服务工具。

应用层包括系统应用，比如控制栏；扩展应用，比如输入法；第三方非系统应用，比如即时通信、移动办公、搜索引擎、出行服务等。

设备层包括全面支持鸿蒙操作系统特性的芯片、各种元器件、模组、开发板等。它们构成了基于鸿蒙操作系统万物互联智能世界的数据收集、各项感知、智能反馈互动、各项任务执行的全新的智能终端体系。

笔者也围绕着鸿蒙生态的工具体系进行了汇总，具体包括如下：

HUAWEI DevEco Studio，是北向应用开发者的主要编辑器工具，是面向终端全场景设备的一站式分布式应用服务开发平台，能让开发者进行鸿蒙应用服务的高效开发和创新。

HarmonyOS 设计工具，是鸿蒙操作系统设计规范和资源的端云协同设计系统，给开发者们设计相关方面提供快速标注和原子化布局的能力体系，提升设计师和前端开发人员的工作效率、团队协作能力。

DevEco Services 是 HUAWEI DevEco Studio 的云测服务，主要解决开发者应用测试效率和质量的问题。

HarmonyOS 能力开放与智慧平台，是面向智能终端的人工智能能力开放平台，提供应用能力开放 HUAWEI HiAI Engine 和服务能力开放 HUAWEI HiAI Service。开发者们通过简单接入与开发相关工作即可快速使用 HarmonyOS AI 能力开发，并实现各种所需的智慧服务功能等。

HUAWEI DevEco Device Tool 是南向设备开发者们主要使用的编辑器工具，是鸿蒙操作系统智能设备一站式集成开发环境，支持鸿蒙操作系统组件按需定制、一键编译和烧录、可视化调试、分布式能力集成等，帮助开发者进行新硬件的高效开发和不断创新。

除了以上工具，还包括兼容性测试工具等，笔者坚信还有不少新工具正在研发中。完善而强大的工具体系是支撑鸿蒙操作系统发展的基础。

关于以上整体技术构架及各个部分，本书后面的章节中会展开详细的阐述。

1.3.2 具体特征

鸿蒙操作系统具体的各项技术特征包括硬件资源互助共享、一次开发实现多端部署、统一的操作系统与个性化部署等。

硬件资源互助共享具体由分布式软总线、设备虚拟化、分布式数据管理、任务调度这四部分来实现。其中，所有技术都具有分布式特征，体现为快速、安全与便捷调度。

1. 分布式软总线

分布式软总线是鸿蒙操作系统的重大技术思想创新，从某种意义上来讲，分布式软总线是实现软件定义硬件、软件升级硬件的基础。具体如图 1-2 所示。

这与传统的操作系统思想方向不一样，比如苹果公司就为多种不同终端设备的开发提供了不同的操作系统。

这种发展思想和技术会给用户、开发者与设备厂商提供完全不同的体验。笔者坚定地认可和实践鸿蒙操作系统发展的方向。

分布式软总线的技术特征让多种终端设备有了统一基础，使设备之间的互联互通具有了统一的分布式通信能力，能够快速发现并连接设备，高效地分发任务和传输数据。

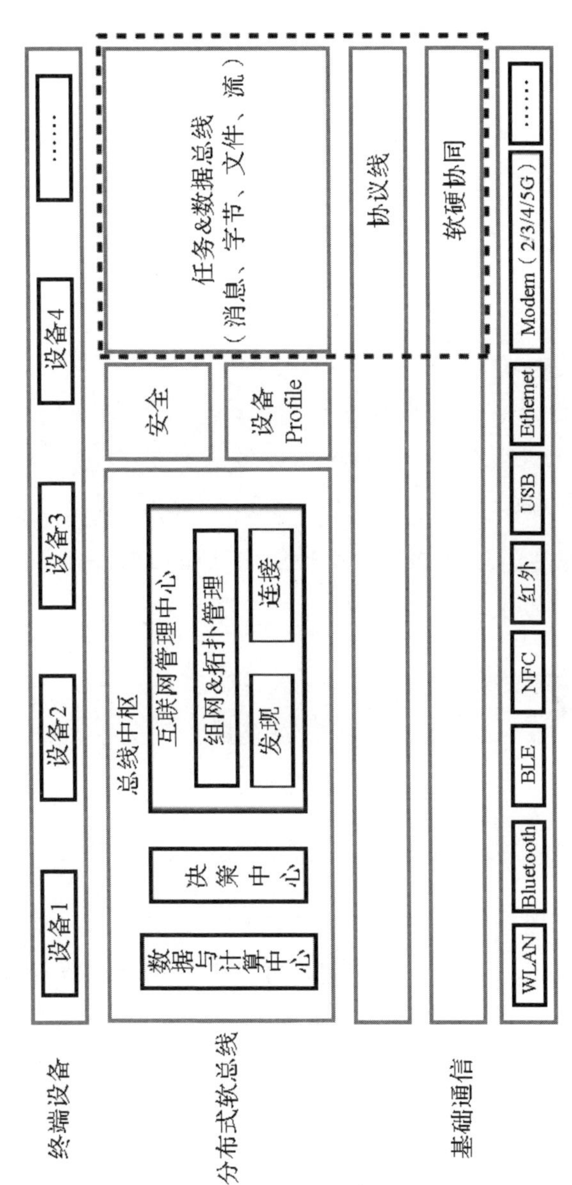

图1-2　分布式软总线示意图

2. 设备虚拟化

分布式设备虚拟化平台其实就是一个超级虚拟终端，很多人对“一个”“超级”“虚拟终端”有误解，容易与大品牌垄断、一统天下、众多中小型设备和个性化厂商没有机会相关联。

其实，鸿蒙官方描述的一个超级虚拟终端并不是只有一个设备，而是多种设备在鸿蒙官方统一的虚拟平台下的以人为中心的优化组合服务。这种设置除了为核心设备提供大规模发展的基础，还要为很多个性化的特色的设备提供发展的机会。大家不需要为芯片、操作系统及一些基本应用开发投入大量的时间、精力和经费，专注于设备本身的极致服务体验设置即可，这样大大降低了接入的成本和门槛。

当然，鸿蒙操作系统对各项设备的接入有自己的评测标准与要求体系，只有达到这些条件，才能成为鸿蒙生态成员之一，具体的各项标准要求，在后面章节中会详细讨论。

3. 分布式数据管理

分布式数据管理是相对于鸿蒙应用来说的，实现应用程序数据和用户数据分离、分层，用户数据不再和单一物理设备绑定，即一个账号所有设备通用。

分布式数据管理使鸿蒙操作系统在业务逻辑上与数据存储分离，当用户使用不同的设备进行切换时，可以获得一致的、流畅的、无缝对接与主动感知用户需求的极致体验。

在分布式软总线、分布式数据管理等技术特性的基础上，鸿蒙操作系统体现了分布式任务调度与服务管理的技术特征。比如碰一碰、主动感知、扫一扫发现设备，多个应用之间数据同步，无须多次注册，按需调用即可等。

通过分布式服务管理对跨设备的应用服务进行远程启动、远程调用、远程连接及迁移等操作。可以根据不同设备状态、资源情况、用户的习惯和意图，选择合适的设备来运行，以支持用户的服务。

4. 任务调度

关于一次开发实现多端部署，鸿蒙操作系统的技术思想是把复杂的开发部署变得简单化。鸿蒙操作系统把大量的底层开发工作进行了封装，包括开源版本、SDK（软件开发工具包）、定向代码支持、API调用等，为应用开发者降低难度。

鸿蒙操作系统基于华为总体技术能力和用户服务的经验，提供了统一的可参照的用户服务程序框架、Ability框架及UI界面、UE交互框架。鸿蒙操作系统支持应用开发过程中多设备的业务、界面逻辑进行统一开发与自适应的切换，这能够让应用开发者在HUAWEl DevEco Studio中一次开发、多端部署，并提供统一的测试平台和服务体系，提升跨设备应用的开发效率。具体如图1-3所示。

关于统一的操作系统与个性化部署，鸿蒙操作系统把系统的构成能力进行了组件化和小型化等设计方法处理，就像人类现有的技术认知可以将构成人体和宇宙的物质，最终都归宿为原子、量子一样。比如将积木构成单元通用化和最小基础化，通用样式单元组合越小，越可以自由搭建丰富多彩的各种造型。

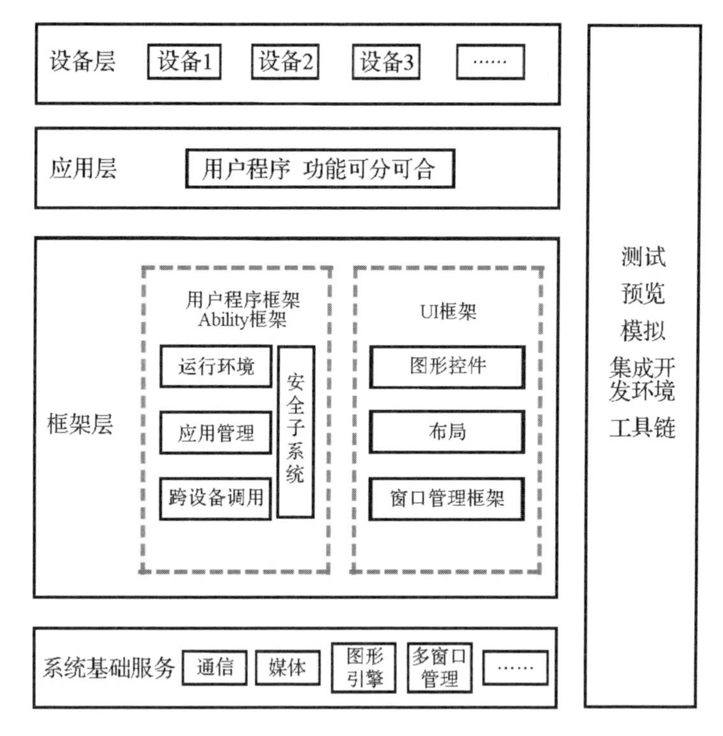

图 1-3 一次开发、多端部署示意图

鸿蒙操作系统通过组件化和小型化设计，能够让开发者和设备厂商按不同的硬件资源和功能需求调用组合应用。这种技术还支持组件之间的自动依赖关联，支持组件内的部分功能按需调用，从而使本技术在统一的基础上具有高度的智慧性和灵活性。

1.3.3 安全体系

万物互联智能化，其中安全很重要。各种设备硬件、应用软件及相互之间的连接互动等，任何环节失控，都会产生很大的影响，甚至危及人的生命。所以，保证人、硬件、数据的安全连接与使用，并有各项预防出错的预设和各项安全保障是最基本、最重要的系统要求。

本节只是总述，在后面的多个章节中，笔者会从各个角度阐述本部分相关内容。

鸿蒙操作系统在整个数据安全方面的构建，参考与采用了军队级别使用的安全保密管理理论、原则与方法，同时也考虑用户在使用过程中的便捷性与舒适体验等，具体包括人、硬件与使用数据三方面。下面分别进行阐述。

首先，确保人的正确与安全，是指保障和数据访问直接相关联人员的安全等，这是确保用户数据安全的基本条件和前提。鸿蒙操作系统主要通过零信任模型、协同互助认证等来保障用户身份的准确性与可靠性。

其次，确保硬件的正确与安全，是指在基于未来的全场景操作系统中，保障用户的运行设备是可靠、可信的，用户数据在统一的虚拟终端上才能得到安全保护。具体包括以下四个环节：一是通过启动环节来保障支持每个虚拟硬件运行程序等的完整性，确保各个硬件厂商的镜像副本包不被修改等；二是通过硬件环境的可信性保护个人敏感数据的安全，分布式终端硬件使用高安全等级的设备进行个人敏感数据存储和处理；三是鸿蒙操作系统微内核，获得了全球信息技术安全评估通用准则七个级别中的第五个及以上级别等级的认证评级保障；四是通过设备证书认证、公钥基础设置等的配合使用，保障硬件从生产到使用的安全性，实现硬件与硬件之间的可信、可靠传输。

最后，保障数据的正确与安全，是指鸿蒙操作系统围绕数据生成全流程的保护，保证个人隐私等不被泄露。具体包括以下四个环节：一是根据各政府或管理部门的法规、标准、规范等，对数据生成后进行分类分级，在存储、使用、传输过程中通过密钥等方式进行相应的保护与防护，同时支持多设备间的身份认证协同；二是用户的敏感数据仅在超级虚拟终端的可信执行环境中运行，保障用户隐私等的安全；三是基于设备的身份凭据进行各自认证，建立可靠的加密传输路径；四是数据建立在密钥的基础之上，保存在虚拟终端设备中，销毁对应的密钥就完成了数据的销毁。

通过本章的介绍，笔者相信读者对鸿蒙操作系统有了一个整体与初步的认知。有了一定的认识，后面的章节就容易理解了，后面会从鸿蒙万物互联智能世界的未来、基于鸿蒙的智能设备、基于鸿蒙的应用服务、开源鸿蒙与发行版、场景生态与社会影响力等各个角度进行介绍，尽可能地让每位读者找到自己的角色和位置，共同参与这次科技浪潮。

第2章 鸿蒙万物智联

2.1 时代变革

2.1.1 信息高速公路

鸿蒙操作系统的诞生、发展和未来，与国际信息产业发展的大环境、中国信息技术发展的阶段特征、华为公司的长期艰苦奋斗与积累等紧密相关。本章希望通过对信息技术、网络发展等历程的多方面总结与展望，分析鸿蒙操作系统发展的天时、地利、人和各项因素，鸿蒙操作系统在发展过程中所具有的各种机遇，以及读者从哪个角度把握机会。本章是整体概述，具体相关的优势特征与各项机遇等内容在后面的章节中会有更加详细的阐述。

在以“信息高速公路”为基础的PC互联网、移动互联网时代，美国主导着整个网络世界。因为以芯片、硬件设备、服务器、数据库、操作系统、网络协议、各种开发运行环境、开发语言、域名、主流源头软件应用等技术为主导的网络科技发展都在美国兴起。

信息高速公路的组成需要的技术，几乎涵盖了当时信息科学领域中计算机、通信、信息处理等方面的所有技术。这对美国乃至世界的经济、技术、政治、军事等都产生了深刻的影响，同时促进了一大批优秀企业的诞生。这些企业主导着当时和现在计算机、通信、网络某个领域的发展趋势，成为科技浪潮的引领者和所在领域产业的统治者。

2.1.2 网络世界的赶超者

对于美国的“信息高速公路”，中国不但是学习者、追赶者，也是创新者和超越者。

经过政府的一系列政策支持和很多优秀企业、人才的奋斗努力，截至 2020 年 6 月，我国网民规模为 9.40 亿，手机网民规模为 9.32 亿。（数据来源于第 46 次《中国互联网络发展状况统计报告》）中国已经成为 PC 互联网、移动互联网的第一流量大国，并在这一领域取得了一系列成就。比如 5G 技术与商业化世界领先，多年连续成为全球最大的网络零售市场，中国在云计算、人工智能等领域都进入了世界第一阵营队列。

网络的发展和完善，极大地方便了我们的生活和工作，在 2020 年“新冠肺炎疫情”防控期间，我们的亲身体验就能进行有效说明。在疫情防控期间，我们除了定期去超市购物，就是通过网络获知各项信息，比如政府支持的口罩申领是在网上进行的，且口罩包邮到家；孩子的学习在网上进行；因为我在网络服务相关的公司工作，需要为用户提供各种 SaaS 应用软件业务，所以我远程办公，我的业务全部在云端进行；我们公司运行的社区社交零售平台在一些县级市场配合当地抗疫，积极在网上开展低成本销售、赠送新鲜蔬菜、送货上门等业务。我们的生活和工作基本上和网络融合在了一起，2020 年“新冠肺炎疫情”的有效防控和我们社会强大的网络支持体系紧密相关。

“三十年河东，三十年河西”，世界网络发展格局的变化，似乎也在验证着这一中国传统谚语。受国际大环境的影响，2019 年中国信息通信产业企业整体开始觉醒和调整，从 2020 年开始，特别是以华为为代表，以海思芯片、鸿蒙操作系统为核心基础的万物互联智能世界快速发展，一批领域内新的明星企业正在崛起。

2.1.3 万物互联的智能世界

在全球信息高速公路发展及万物互联智能世界的构建中，华为是较为耀眼的中国民营公司。华为也是全球唯一一家把构建万物互联智能世界当成使命的公司。当然，随着中国的全球影响力不断提高，中国的公司就是世界的公司，中国的华为就是世界的华为。

鸿蒙诞生于华为，并在华为的大量付出下成长，华为的文化、实力、特征等是决定鸿蒙起点、发展速度及未来的关键因素之一。

所以，我们需要对华为有相对详细的了解。

华为从成立到现在，经过 30 多年的不断成长，在信息与通信基础设施领域和智能终端领域已经处于全球领先。其主要服务对象包括电信运营商、政府、企业与终端消费者等。其 2019 年年报显示，其主要业务包括让连接无处不在、让智能触手可及、让每个用户都能获得独特的数字智能体验、构建数字智能平台四个主要方向与板块。

华为自成立以来，一直致力于全球化发展，其业务在将近 200 个国家和地区开展，为全世界 30 多亿人口实现网络连接提供了基础设施和服务。华为在内部管理中充分体现了中国民营企业制度特色，100%由员工持股，拥有完善的内部治理体系，没有政府部门、机构持有华为股权。

到 2019 年年底，华为的员工人数超过 19 万人，并且华为是全球最大的专利持有公司之一，其大部分专利为发明专利；其近十年累计投入的研发费用在中国企业中遥遥领先，在世界范围内也名列前茅。根据华为 2018 年、2019 年财报显示，华为 2018 年的年度销售收入超过千亿美元，同时我们也能看到华为 2019 年的主要经营收入来源于国内。笔者认为，华为通过对其各项业务、技术等的重新优化、梳理与积淀，就像人出拳时先缩回来一些再出击一样，力量会更大；通过新一轮的升级，技术上比如芯片、鸿蒙操作系统等的研发和实践及华为的全球市场发展，会更加独立自主、稳健可靠并具有竞争优势。

我们从上面一系列对华为构建万物互联智能世界使命及各项细节数据的描述中，可以清晰地看到一个比原有信息高速公路具有更高纬度的新体系正在构建形成中，华为正在不断突破以往的技术垄断最强的部分与利润最高的一些领域。按照现在世界产业的竞争格局，华为在构建万物互联智能世界的过程中，多少受到了一些制约。

正如华为消费者业务软件部总裁、鸿蒙操作系统主要推动者及负责人王成录先生所言，没有根的商业繁荣都是暂时的。其中鸿蒙操作系统就属于软件世界中的根技术与根支持体系之一。华为于 2021 年 1 月 22 日在心声社区发布的文章《星光不问赶路人》中明确提出："敢于将鸿蒙推入竞争"，这让鸿蒙发展的方向更加清晰。

追本溯源，饮水思源，其含义既有对源头的思考，又有对根源的追寻与探索，而在通信和信息领域也一样，华为等企业正在往根源上的各项基础技术方面不断突破并进行构建、掌控中。

2.2 操作系统简介

2.2.1 操作系统概述

本部分内容是全书对比分析的基础，我们通过对多个操作系统的分析了解，可以总结出鸿蒙操作系统各方面的优势和特征。鸿蒙操作系统和现有的各类操作系统其实不存在竞争关系，更多的是在时间轴上基于未来、在空间上基于全场景的全面升级与迭代。

操作系统对非相关联的技术人员和从业人员来讲，其实是一个比较陌生的词汇。不像大家对网站、App 那样熟悉。因为操作系统像土壤一样连接、承载地上世界和地下的一切资源，人们习以为常地生活在地上，并不会天天关心这片土壤，更多关心的是和自己工作、生活等直接关联的事物。

从某种角度来讲，操作系统就是网络世界里的土壤。在以计算机为主导的 PC 互联网时代，人们打开计算机并启动操作系统后，习惯使用办公软件、访问各种网站等；在以手机为主导的移动互联网时代，人们打开手机并启动操作系统后，习惯通过应用市场等下载 App。大家比较关注计算机、手机、办公软件、网站与 App，往往容易忽略为整个体系做支撑、支持的操作系统。

笔者认为，PC 互联网时代、移动互联网时代的传统操作系统有种“小隐隐于野”的感觉；而本书讲述的鸿蒙操作系统是面向未来、面向全场景的分布式操作系统，它将会触及未来、认知到达每一个用户，是“大隐隐于市”的。这也是笔者创作本书的目标，希望更多的人了解、熟悉、参与鸿蒙操作系统生态的不断完善与发展上来。

操作系统能统一调度和管理计算机软硬件各项资源，是因为硬件之上的首层基础软件在计算机系统中处于核心地位。操作系统需对中央处理器、内存、系统资源、输入与输出设备、网络与文件系统等进行统筹与安排，也是其他各项应用软件运作的前提。

2.2.2 操作系统发展简介

在操作系统的发展历程中，早期的操作系统是个人计算机磁盘操作系统，需要通过输入代码命令的方式去操作，属于单用户单任务的形式，即用户只能在同一时间处理一个程序。后来，图形操作系统快速发展。比如微软的 Windows 为单用户多任务形式，苹果公司在计算机与手机时期的操作系统虽属于图形界面，却是多用户多任务操作系统。

Unix、Linux 及其延伸的分支操作系统的发展非常迅猛，它们都是多用户多任务的操作系统。Linux 在遵循其开源协议的情况下完全免费且可以自由传播。在 Linux 的众多版本中，Red Hat 和 Android 是操作系统开源、发行版开发中非常成功的案例，在第 5 章中会对鸿蒙操作系统开源及发行版开发的相关内容进行深入阐述。

中国国产操作系统也在不断探索和尝试，受各种条件制约与时间节点等原因，虽然在发展的过程中有不少受挫案例，但是我们依旧激情满满，从未止步。前期的国产操作系统多以 Unix、Linux 为基础进行二次开发，在计算机桌面、移动屏幕、服务器操作系统、云操作系统等方面都进行了积极开发与运行尝试。

相对于其他操作系统而言，鸿蒙操作系统具备很多优势。比如依托于以华为为基础的全球商业化体系；深厚的科研功底与持续投入，多项世界第一的硬件设备销量支撑；华为丰富的应用生态运营经验；从芯片设计、操作系统内核创新、全场景分布式体系的全生态角度发展；从电视、手表、汽车、手机等民用市场直接切入；生态开放既有华为主导的产品，又有更多厂商的设备；全面开源等。

鸿蒙操作系统作为全新的操作系统，是在中国和外国、过去和现在所有优秀的理论和实践上进行的个性化发展，不是现有的各项操作系统的简单重复，而是基于未来、全场景、分布式的全新的生态。通过对历史的了解与横向的对比，我们更加清晰地认识了属于鸿蒙的天时、地利、人和与未来。关于鸿蒙操作系统的具体特征等，笔者在第1章中进行了总述，后续章节内容中会逐步展开。

2.2.3 未来方向与鸿蒙操作系统

前面梳理了操作系统的发展简史，就笔者现在能观察到的而言，操作系统在往以下三个方向发展：

一是向单一的设备方向发展，预测下一阶段，在世界范围内会有计算机、手机这样量级的产品出现。比如有些互联网平台看好AR、VR硬件的发展，开发自己独立掌控的操作系统。

二是技术进步，未来世界中基于原有操作系统的概念与实践完全变化。比如人工智能交互系统、完全基于云端的操作系统、量子计算全新技术突破的操作系统等，对现有的芯片、硬件与应用完全进行了颠覆。

三是基于物联网体系的操作系统。比如其他一些跨智能硬件产品的新一代开源物联网操作系统等。

笔者认为在鸿蒙操作系统面向未来、面向全场景分布式的概述中，其实已经包含了且正在实践上述的各种可能性。

"1+8+N"战略中涉及的设备包含AR、VR等智能设备，万物互联智能世界中起支撑作用的是智能化，云、端、侧的构架完善纯云端的各项不足；万物全面连接会有巨大的、和以前不在一个量级的数据与计算产生，必将与各项新的技术发展进行融合。

正如任正非先生在荣耀送别会上所言，"'洋枪''洋炮'与手持新'汉阳造'、新'大刀长矛'的竞争，谁胜谁负，犹未可知。"我们的国家及企业所处的时代、环境与以前已经完全不一样。笔者坚定看好鸿蒙操作系统的生态技术创新。

2.3 浪潮之巅

2.3.1 互联网产业简析

"以史为鉴，可以知兴替"，在这两节中，笔者希望通过对科技发展历史的汇总，对PC互联网、移动互联网整个体系和各领域中优秀企业的分析，预测基于鸿蒙操作系统的万物互联智能世界中的各项创新与机会。当然，历史不能重演，过去并不代表着未来，未来是不断成长、进步与提升的，未来将会更加美好，更加宏大。

从图 2-1 中可以看出，在整个互联网的生态里，用户通过以计算机为主的硬件设备，主要通过 Windows 操作系统和 MacOS 进入计算机本地的各种办公软件、设计软件、应用，通过浏览器进入互联网，找到需要的各种网站服务。

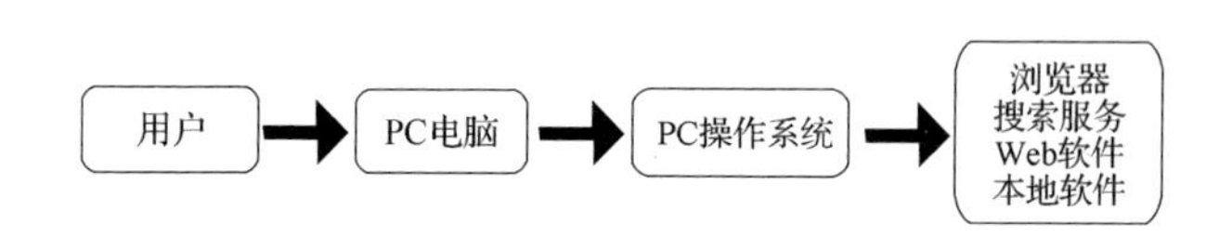

图 2-1 互联网用户服务生态简图

下面了解一下科技浪潮中优秀企业的情况。以下的描述，笔者并没有按时间顺序，而是按操作系统、芯片、硬件设备、软件应用这个思路整理的，以便于后面总结分析。

在互联网领域，微软基于计算机硬件中的操作系统和办公软件所占据的流量入口优势，基本上涉及各个阶段的各项主流网站和应用，具体包括浏览器、新闻门户、网络邮件、即时通信、搜索引擎等。

微软在互联网生态中，通过操作系统整合、联合各类型计算机、芯片的厂商，其中最经典的合作就是微软与英特尔的合作及它们之间的联盟。

微软与英特尔的联盟在很长一段时间内主导着计算机市场。两者的紧密合作，推动操作系统与 CPU 的共同发展。它们的合作在世界个人计算机市场上占绝对优势份额；同时，两者通过芯片、硬件与操作系统、应用软件的组合和协同更新，推动了整个产业的发展。两者同步更新、升级与迭代，让计算机性能和用户体验不断升级。当然，互联网的发展，也带动了芯片产业的发展。

概括完微软与英特尔的合作，接下来介绍硬件基础设备与软件服务公司。

思科系统公司的快速发展起始于其“多协议路由器”的联网设备的尝试成功，对于当时的思科来说，它面对的是一个巨大的网络设备市场，其产品几乎覆盖了包括路由器、交换机等网络建设的每个部分。如今思科系统公司已成为全球网络互联解决方案的领先厂商之一，而华为技术有限公司从代理销售程控交换机起步，快速成长为全球领先的信息与通信技术解决方案供应商，凭借的是综合实力和自主研发投入。

在互联网生态中，我们能了解到有些曾经非常知名的硬件设备厂商已经衰落了。

当然，在互联网的发展过程中也诞生了很多优秀的企业级软件公司，比如甲骨文股份有限公司，其具体产品包括服务器相关、企业应用软件相关、Java 平台、数据库管理系统等。中国的金蝶、用友等软件服务公司的发展也是非常迅猛的。

接下来，我们一起了解一下平时接触最多的网站应用领域的强者们，具体分述如下：

浏览器在互联网体系中很重要，我们在计算机上上网必须要通过浏览器进行。早期的浏览器参与者包括网景、IE 浏览器等。中国的主要互联网服务商，现在都有自己研发的浏览器。门户网站比如美国的雅虎曾经风光一时，中国的新浪、搜狐、网易、腾讯四大门户也是此领域非常成功的实践者。

电子商务方面，亚马逊公司是美国最大的网络电子商务平台之一。中国的阿里巴巴、淘宝网、京东、当当、拼多多等，也将电商优势与红利发挥到了极致，取得了巨大的成功。

在视频网站方面，比如被谷歌收购的 YouTube，中国的优酷、爱奇艺等都在奋勇发展，并取得了非常好的成绩。谷歌是全球最大的搜索引擎，同样，全球最大的中文搜索引擎百度占据了中国计算机搜索领域较大份额，另外搜狗搜索、360 搜索等也抢占了一部分市场。

Facebook 是社交网站，创立于互联网时期，全面布局移动互联网，在移动互联网流量世界排名靠前的公司中，好几家都属于它的旗下。同时中国的博客、微博、微信等也蓬勃发展。

在本节的最后，我们来分析一下苹果公司。苹果公司的计算机硬件产品以时尚艺术为特征，软硬件统一品牌管理，其产品一直占据世界计算机销售领域的高端市场。其中，苹果公司的 iPhone 智能手机、iOS 操作系统、与 App Store 相配套的各项手机应用，将世界从 PC 互联网时代全面带入移动互联网时代。苹果公司在高科技企业中以创新闻名。

我们并没有对每个案例中公司品牌相互依存的上下游等进行逐个分析，还有很多垂直品牌等，所以，整个体系中蕴含着巨大的创新、发展与商业机会，这其实与同时代的每个人成长的历程相互关联、相互影响。

我们在对标鸿蒙生态发展过程中，各方面、各个角色的机会自然呈现出来了，虽然各项具体机会不是一样的，但是至少有了参照体系。

2.3.2 移动互联网时代

分析完PC互联网的发展，我们接着梳理移动互联网的发展。PC互联网和移动互联网的发展并不是割裂的，而是一个渐进的相互包容的过程。就像鸿蒙操作系统生态一样，PC互联网、移动互联网前期也是相互融合、共同发展的。比如在PC互联网时期发展起来的微软依旧在继续发展并占据主流位置，同时苹果公司、谷歌等在移动互联网时代快速进入世界科技第一阵营。

当然，也有一些硬件厂商和软件应用在移动互联网时代不再那么辉煌或逐渐衰落。所以，面对时代的科技发展浪潮，只有迎头赶上，才能持续发展。而鸿蒙操作系统的发展，也将同时在PC互联网、移动互联网、智能物联网的融合升级中展开。我们先来看看移动互联网生态简图，如图2-2所示。

图2-2 移动互联网生态简图

在移动互联网时代，用户使用的主要是智能手机；智能手机的操作系统从全球角度来讲，主要分为两个流派：一个是谷歌的Android操作系统，比如我们以前用的很多非鸿蒙操作系统与非iOS系统手机等；一个是苹果公司的iOS系统，比如我们用的苹果手机。

在这一时期,人们在手机里使用的不仅有网站,还有客户端,比如抖音、微信等都是客户端。人们在手机里通过各种客户端去实现自己想要的各项功能和服务。

在移动互联网时代，世界上手机销量排名靠前的包括华为、苹果、小米、OPPO、vivo、魅族、三星、联想、一加等，我们看到这其中除了苹果和三星，其他都是中国品牌。当然，其中除了苹果手机是自己的操作系统,其他手机都是基于安卓操作系统来运行的。

这中间我们还需要分析移动互联网时代的芯片产业,芯片产业的发展和互联网的发展不一样，我们来了解一下高通。智能手机领域从 3G 开始发展到现在，大部分机型涉及高通及其发明。就现在的技术阶段而言,我们前面分析的所有世界领先的手机品牌，几乎都受其影响。同时期的芯片及技术服务商还包括中兴、中芯国际、华为海思等，但是，这些芯片及技术服务商与高通还是有些差距的。所以，中国的芯片产业，特别是基于鸿蒙操作系统的芯片产业，其发展空间与机遇都是巨大的。

我们再来看看移动互联网时代中世界领先的应用吧。在苹果手机应用商店和 Google Play 中，2020 年 3 月下载排行榜靠前的应用主要包括 TikTok、WhatsApp Messenger、Facebook 等。从排行榜上可以看出，图片、视频、音乐、多媒体娱乐社交在移动互联网时代高速发展。其中，TikTok、爱奇艺、腾讯视频、茄子快传等都是中国公司的团队在操作运行，这些平台的价值都是巨大的，并且还在不断增长中。

除了上面分析的面对终端消费者的应用，在企业级服务领域，比如基于云端、移动互联网的用户关系管理软件 Salcsforce 快速崛起，并向各种传统类型软件进行渗透与扩展。而中国的包括钉钉、企业微信等也在朝着这个方向前进，发展势头非常迅猛。

移动互联网生态中总计有 400 多万个应用软件，其中不包括各应用软件平台上的“小巨人”与各种用户等，同时移动互联网生态中的各种创新、发展机会也是巨大的。

从苹果公司公开的开发者分配收入情况来看，这里的开发者不仅是技术工程师，还包括产品经理、UI 设计师、UE 设计师、前端开发工程师、后端开发工程师、策划运营人员等，既包括个人又包括团队和公司。由苹果公司 2020 年 1 月 8 日公开的数据可知，App Store 从 2008 年上线开始，已经为开发者们带来约 1550 亿美元的收入。

由前面的分析可知，基于未来、全场景、分布式的鸿蒙生态，包括智能硬件设备及配套相关的、软件应用开发及相关的；鸿蒙生态发展前期的尝试者和坚持者，是一个新的生态体系的共同开创者，在做出贡献的同时，也会有无可比拟的包括成长上的、荣誉上的、财富上的收获。

2.3.3 智慧互联大未来与鸿蒙

通过分析 PC 互联网和移动互联网的发展可以看出，网络生态主导者的竞争其实是操作系统的根技术与核心能力的竞争，谁拥有了操作系统的底层支持体系，谁就掌握了生态、硬件设备、开发者以及应用等。从计算机到智能手机的发展过程中，我们可以看到掌握操作系统的公司不仅财富较多，还引领着全球科技发展趋势，把控着生态中的各项关键命脉。当然，在这个过程中不断有公司因为固执己见或者跟不上时代的步伐而消退，又不断有新的力量、团队、公司在各轮技术创新与进步中快速成长，主导新的产业。

正如《浪潮之巅》一书中所述，“在每次科技变革的浪潮之中，总有一些公司和个人很幸运地、有意无意地站在技术转型升级的浪尖之上。在这十几年甚至几十年间，他们代表着科技的趋势，直到下一次新变革的来临。”当然，浪潮之巅一定是需要努力付出才会到达的，并且需要持续奋斗并不断创新，才能保持领先的地位。所以，要抓住事物的主要矛盾，从关键环节进行把控。华为在构建万物互联智能世界时，从操作系统进行统筹与发展生态。笔者认为，鸿蒙操作系统就是万物互联智能世界中浪潮之巅的体现。

我们从华为消费者 BG 软件部总裁、鸿蒙操作系统主要推动者及负责人王成录先生在媒体上的公开发言中可以了解到，2012 年他在华为中央软件院任职时，基于软件系统性开发与深度钻研的需求，就有了研发操作系统的想法。后来通过各方面的推动与落实，才有了分布式操作系统 1.0、2.0 版本的发展，并获得了华为消费者事业部投资评审委员会投资和任正非先生的认可。2019 年 5 月，该分布式操作系统被命名为“鸿蒙”，英文为 HarmonyOS。

通过以上分析我们可以得知，在 2019 年 8 月鸿蒙 1.0 版本正式对外发布前，鸿蒙操作系统在华为内部从思想起源到技术变革已经打磨了 8 年之久。

从图 2-3 中可以看出，在鸿蒙操作系统的生态体系中，用户通过 1+8+N 种设备形成了一致体验的统一超级终端，再通过鸿蒙操作系统，形成了随处可及、服务直达与跨设备无缝流转的新应用服务体系。

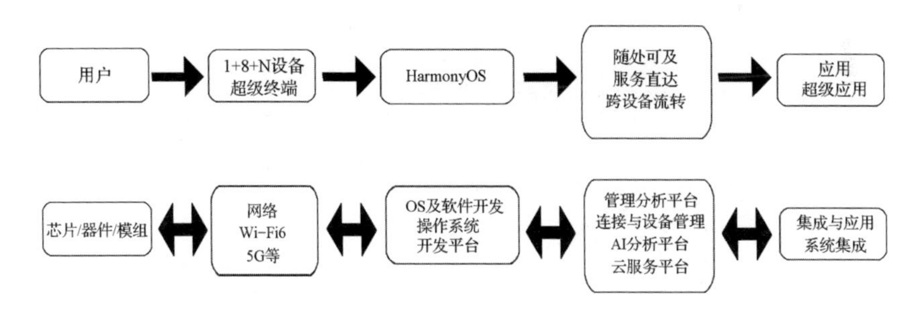

图 2-3　鸿蒙生态体系简图

我们再看看底层的支撑技术结构体系，如图 2-3 所示。从芯片到 5G 网络技术，从 OS 及软件开发、操作系统、开发平台，到管理分析平台、连接与设备管理、AI 分析平台、云服务平台，再到集成与应用体系，整个万物互联智能世界的“新信息高速公路”技术体系已经开始由我们主导和构建，在这个基础上征战全球的各设备与应用厂商，可以更自主，更具有活力，不用担心各种无妄之灾。

从图 2-4 中可以看出，华为在鸿蒙操作系统正式发布之前，已经发布过 Huawei LiteOS 轻量级的物联网操作系统，我们从前面的技术分析中可以看到鸿蒙操作系统的内核也集成了 LiteOS。同时，华为又把鸿蒙操作系统源代码捐献给了开放原子开源基金会，形成了开源的 OpenHarmony。所以，我们从技术、商业逻辑和生态上分析鸿蒙操作系统与 Linux，Android 的代码开源开放体系，Windows 操作系统与计算机厂商、网站应用合作共建生态的方式，苹果代码封源，其中软硬件完全自主强势控制的体系都不一样。鸿蒙操作系统是一个全新的既包含了上述体系的优点，又独具特色的基于未来、全场景、分布式的新生态体系。

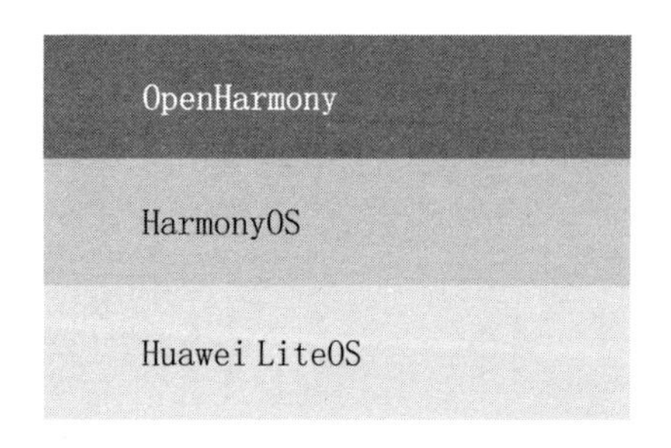

图 2-4　华为发布的物联网操作系统

在鸿蒙操作系统开源开放中，其机会就是各种鸿蒙操作系统的发行版，就像基于 Linux 的 Red Hat、Android 一样取得了巨大的成功，后面有专门的章节会阐述这部分内容。

基于鸿蒙操作系统的智能设备与应用软件服务的发展也充满着各种机遇，图 2-5 为鸿蒙北向应用与南向设备发展简图。

图 2-5　鸿蒙北向应用与南向设备发展简图

软件应用从 PC 互联网时期的以网站为主发展到移动互联网时期的以客户端为主，那么，智能物联网时代的各种网站和客户端一定不会只具有以前的功能和表现形式。各种北向应用的切换、更新、迭代升级中蕴含着巨大的创新机会与财富机会。同时，在智能物联网时代 1+8+N 的各项智能设备中，每个细分的品类和其他设备在各个场景下组合，都会诞生新的软硬件一体化的全球性独角兽品牌。

所以，在新的科技浪潮下，很多不接受者、不适应者将会落后，积极的参与者将成为新体系中的佼佼者，成为新一波科技浪潮的弄潮儿。

现在中国的硬件设备厂商面对两种情况：一是将功能硬件产品升级为智能物联产品；二是将局部入网的智能硬件产品升级为全面入网的智能物联产品。对于这两种情况，我们在后面的章节中会详细讨论。基于鸿蒙操作系统生态带动下的整体升级与聚合效应，其实是带动中国实业、制造业等全面智能物联化升级，让大家提高核心竞争力。当然，我们讲的鸿蒙操作系统的超级终端、超级应用并不意味着垄断和大品牌通吃，超级是底层的基础设施。由于具有强大的通信基础设施，拥有核心技术，比如芯片的设计、生产、制作，以及统一强大的万物互联智能操作系统，因此中国企业为更多个性化的小而美的产品、应用提供了更便捷的创作开发运营体系，为更多的创新提供了机会。

百家争鸣、多元多样、生机勃勃、不断迭代升级、让世界更加美好是我们预想的鸿蒙万物互联智能世界的理想生态。

笔者呼吁中国各阵营各类型的 1+8+N 厂商、Web 网站、移动应用平台拥抱鸿蒙操作系统新世界，从我们自己构建的万物互联智能超级赛道中领跑世界。这是时代变革中的最优选择。

我们要知道，互联网当初也是在美国形成硬件、软件等的统一后再向全球拓展的。如果在这次新科技浪潮中我们没有成功的信心，那么我们想想世界领先的高铁、北斗系统的全面组网与运行，是不是非常震撼与自豪呢？

在本章的最后，笔者引用中国古文和致力于鸿蒙操作系统发展的同行者共勉，“天行健，君子以自强不息；地势坤，君子以厚德载物。”笔者坚信，这也是鸿蒙操作系统及生态参与者所具备的品质。

下一章主要讨论基于鸿蒙操作系统的智能设备相关的事项，开始了解鸿蒙操作系统生态的关键角色与环节。

第 3 章 鸿蒙智能设备创新

3.1 从功能产品到超级终端

3.1.1 感受手机与智能

手机的发展经历了软件功能和硬件能力固定的主要以打电话、发短信为主的功能手机阶段及软件功能可扩展、硬件能力固定的智能手机阶段。现在的手机就相当于一台小型计算机，和传统的手机相比具有各种功能和 App，能让我们拥有无限想象。因为手机可以满足各种娱乐，比如游戏、社交等；遇到不懂的知识和问题，通过各种 App 都可以解决。智能手机基本淘汰了功能手机，但是，经过多年的迅猛增长，现在的智能手机已经发展到一个相对极致的阶段，根据《2020 年 2 月份全球智能手机排行榜的市场监测报告》来看，全球手机销量同比下降了 13.9%。

那么大家可能会思考，在智能手机之后的硬件产品应该是什么样的呢？会不会有比手机更厉害的智能产品出现呢？比如智能眼镜、智能汽车等会不会是下一个数量级的产品呢？

现在暂时还没有出现这么一个全人类、世界级现象的产品，但是很多传统的功能型硬件产品，比如家用电器、家居用品、汽车等都需要入网、智能化升级，和智能手机、计算机等构建一个万物互联的智能世界。这是一个大趋势。

笔者根据将近十年的工作经验和公司团队的业务情况，认为中国 PC 互联网、移动互联网的发展已经到了一个顶峰和瓶颈期。因为基于 PC 互联网、移动互联网的技术开发、运营服务需求越来越少了，现在的 IT 行业已经是一个新的传统产业了。另外，这也和国际大环境，特别是国家之间的政策相关联。

笔者认为，未来 5～10 年，是中国主导的高科技及相关配套产业高速发展的阶段。科技浪潮正在从美国主导的以计算机和手机硬件为主的 PC 互联网时代、移动互联网时代向中国主导的智能物联网时代发展。

当然，万物智能互联不是单独存在的，而是需要各种配套产业相互支持和发展。其中包括中国一系列 IoT 相关的终端产业，具体包括 5G 网络与应用，AI 及大数据分析，芯片、器件、模组、云计算与云服务，应用与集成等各项技术相关企业。这些企业的技术需处于世界领先地位。在各项技术取得突破发展时，所缺乏的将整体相互关联的技术统合、底座、总控的万物互联智能操作系统集大任于身。

通过万物互联的智能操作系统，融合各项 IoT 领先技术，使各种硬件产品比如手机、计算机、汽车、家用电器、家居用品等的软件功能与硬件能力可扩展，从而构建万物互联智能世界。适应用户需求从个性化应用升级到个性化设备，到全场景下的统一超级终端服务是鸿蒙操作系统发展的目标之一。

其实很多企业已经意识并感受到了这种需求，所以，笔者在和一些硬件设备厂商沟通时，发现基本90%以上的厂商都在自己摸索着往物联网这个方向转型升级。现在这些厂商的思路主要是想基于PC互联网、移动互联网体系，借助云服务的发展，通过云服务加安卓、苹果客户端的形式，控制设备并进行大数据收集分析、商业模式设计与运营等。但是，基于PC互联网、移动互联网、传统功能硬件的基础体系非常低成本地与物联网体系连接起来，设备使用的流畅度、用户应用体验的好感度等都是非常差的，只是非常粗糙地实现了物联网、大数据的构想，在实际完成后，推广使用情况并不好。

对于以上这类厂商来说，鸿蒙操作系统将是它们物联网智能化征程的新赛道。

3.1.2 局部物联网设备的发展

无论是在世界还是在中国，“物联网”都不是一个新词。在物联网领域积极进行尝试的企业、平台也不少，比如笔者在鸿蒙操作系统没有正式发布之前，就有类似物联网项目的实践经验，其中有一个项目就是把理发店里的一种设备进行物联网改造升级。

我们通过微信小程序把理发店里的设备连接并控制，同时对设备设置了省、市、县、店主、店员的管理体系，通过系统对所有设备、所有商业技术上的参与者进行管控。

先是把传统的功能设备通过小程序进行联网，传统设备上的按键控制转化成小程序网络控制；把传统的单设备买卖模式，变成了租赁按单个执行的方式；把设备卖完了就和品牌厂商无关的方式转变成品牌厂商与每个设备直接互动沟通的方式；把以前的商业流程和控制系统进行了融合、统一管理；然后将设备植入和耗材销售、理发店里关联产品销售进行了整合，小程序商城中有产品销售区，用户、店主等有相应的权限购买产品，商业模式的各个角色有约定好的分配。

当然，由于设备芯片功能的局限性，小程序的互动体验受网络等各方面影响，支付分账体系的制约，市场认知度的不够，有限的研发、推广、运营资金等情况，项目后续还没有取得明显的进展，但是对设备厂商行业有很大的刺激、启发作用，我们沟通过的厂商几乎都认为这种设备联网智能化的方向是一个大趋势。

其实，中国的不少企业在局部物联网设备的发展与体系构建方面取得了很好的成绩。但是这些物联网尝试的基础还是基于 PC 互联网、移动互联网的思想，大部分是在安卓、苹果操作系统上的客户端级别的系统支持和应用。为了便于后文分析、阐述，笔者将这类联网设备统称为局部物联网设备。那么，全面物联网智能设备应该是什么样的呢？

首先，万物智能连接与PC互联网和移动互联网的整体思想、技术基础等都不一样，比如对通信的速度、时延、物与物、人与物交互的方式等，都会不一样。所以，基于传统的硬件设计生产思路，基于传统的单设备操作系统上的软件应用创新，导致配网和注册复杂，登录使用步骤烦琐，设备开机体验差等。控制硬件的客户端动辄上百兆，太多功能堆积，用户的下载安装意愿低，交互复杂，用户使用意愿低。比如要控制一台联网的空调，先打开手机去应用市场下载客户端，注册认证，匹配连接设备，再登录客户端，通过客户端进行各项设置；后续每次控制空调，都需要解锁手机屏幕，打开客户端，然后登录，再去客户端里寻找相关功能，其中不少客户端里还有各种推送广告和商品等；如果用第三方通用的客户端来匹配与控制，除了上述的内容，客户端还会主动推送一些广告等，由于不是经常使用，所以有时可能会找不到要用的功能。从整体来看，不如直接用遥控器方便。

其次，国际大环境也决定了我们只有基于中国公司主导的芯片、操作系统体系，才能更好地发展，更好地开拓世界市场。所以，无论是从商业、家国情怀方面，还是从科技创新发展需要方面，笔者认为中国各个阵营的厂商都要通过各种方式融合进来，在我们自己主导的万物互联智能世界高速公路上一起成为世界领先品牌。只有将功能硬件产品升级为智能物联产品，将局部入网的智能硬件产品升级为全面入网的鸿蒙智能物联产品，才能带动中国实业、制造业等全面智能物联化升级，提高核心竞争力。

如前所述，笔者认为超级终端、超级应用并不意味着垄断和大品牌通吃，超级指的是底层的基础设施。由于具有强大的通信基础设施，拥有核心技术，比如芯片的设计、生产、制作，以及统一强大的万物互联智能操作系统，因此中国企业为更多个性化的小而美的产品、应用提供了更便捷的创作开发运营体系，为更多的创新提供了机会。

当初的互联网也不是一开始就统一起来的。比如美国的互联网在刚开始发展时，是在军事机构、政府部门、科研室、大学等各自的局部网络中运行的，然后通过各项不断完善的标准协议等持续融合，进行不断的互联互通，实现美国全连接，再逐步连接全世界。

笔者认为，在中国主导的全球企业、组织等共同参与的万物互联智能世界的发展中，中国的企业团结起来，互联互通，才能更好地服务全球市场。

3.1.3 鸿蒙新智能设备之道

鸿蒙操作系统在设备端的合作与发展方面，一部分是还没有万物互联的各种设备，另一部分是基于传统操作系统局部互联过程中存在的各种问题的解决方法。鸿蒙操作系统基于笔者描述的这两种情况所具备的优势主要体现在以下几个方面。

1. 着眼产业链与生态

鸿蒙操作系统的着眼点并不是某个单项技术的突破，而是从芯片到操作系统，从智能硬件设备到应用服务，从技术到商业生态，从中国到世界的整套的基于万物互联智能世界的解决方案。相对于基于传统操作系统被动接入的物联网平台，鸿蒙操作系统的整体优势和发展潜力不言而喻。

鸿蒙官方赋能其终端设备，在其构建的万物互联智能世界的体系下，让设备厂商研发、接入更加方便。设备厂商不需要自己单独策划、设计独立的物联网智能体系，不需要单独开发独立的客户端，不需要独立、全面推广自己的物联网系统；而是基于鸿蒙操作系统的整套流程来运行，包括产品创意、芯片选择、产品配件、测试、生产、系统接入、应用开发控制、产品推广运营等，即硬件设备端需要的是具有与鸿蒙操作系统相匹配的解决方案的芯片植入设备，按照鸿蒙官方要求的标准进行开发、接入，经过一系列的检查、测试，获得鸿蒙官方的认证，才能进行销售连接使用。等于进入鸿蒙操作系统的硬件设备是具备华为鸿蒙研发、技术、品牌背书的，华为鸿蒙将管理方法、品牌效应、销售渠道、科研能力、领先技术赋能给设备合作伙伴。

2. 配网、应用服务、商业模式与使用方式变革

基于鸿蒙操作系统的智能硬件设备在配网、应用服务、商业模式与使用方式上，会有很大的变革。鸿蒙操作系统通过 NFC、蓝牙、计算机视觉、分布式软总线等技术，实现多途径触发设备。比如在 30cm 内的交互，建立安全通道，实现直接接入控制的无感配网体验。

鸿蒙操作系统特有的设备轻应用元程序与元服务、多种系统入口，包括碰一碰连接、直达设备控制应用、主动感知和匹配调用等，不用下载安装，可直接使用，解决客户端使用控制复杂等问题。

让厂家直接连接服务终端用户。以往厂商销售完产品后，不知道产品到了哪里、用户使用情况如何，只有个别用户主动联系厂商，厂商才知道发生的一些具体问题。通过传统的多层的销售渠道联系到用户后，用户与原厂或者品牌厂商非常陌生，通过电话或者登录各种传统网络载体联系的方式非常烦琐。所以，品牌厂商感觉离终端用户很遥远，无法及时感知市场的需求。用户通过与鸿蒙智能设备相配套的元程序，可以一步获取原厂的各项服务，包括后续的耗材、系统维修、各项咨询等；这样既增加了厂商与用户之间的黏性，及时了解用户需要，又让厂商和终端用户之间更加熟悉并能更好地沟通。

基于鸿蒙操作系统与匹配的芯片等，全面赋能设备智能化。比如基于鸿蒙操作系统的烤箱和手机相连，各种烧烤需求都已经通过手机的元程序被设置好，只要在烤箱内放入原材料与配料，点击手机端相应的按钮，就可以等候美味出箱了，从而把传统的烤箱升级为智能化的厨师。

3. 以人为中心的场景创新

鸿蒙操作系统重新定义人、设备、场景的关系，属于全新的智能全场景体验。关于场景概念及相关细节，笔者在第 6 章中会详细阐述。以消费者、以人为中心的内容，笔者在第 1 章中也有阐述。

鸿蒙操作系统把手机作为打开全场景世界的一把钥匙，通过解决设备有限的使用情景，通过软件赋能与定义硬件，让基于鸿蒙操作系统的智能设备组合适应不同场景的需要，让设备围绕人的实际需求，高效地连接，组合出最佳体验。

同时，鸿蒙操作系统也改变应用与服务基于单设备设计的方式，让应用服务可分可合，跨设备按用户需要进行流转。比如除了通过手机调用手机摄像头，还可以调用家庭中的其他摄像头，从而拍摄出与以往完全不一样的多镜头视频效果，和远处的家人分享。

当然，笔者只是列举了部分先进理念与技术支持体系，正是这些全新的基于未来全场景的智能创新技术，让鸿蒙操作系统与众不同，优势显著。

3.2 鸿蒙智能设备产业链

3.2.1 1+8+N 战略

在鸿蒙操作系统正式发布之前，华为在多个方面进行了 IoT 产业的布局与技术创新、产品研发、营销品牌的投入，并取得了很好的成绩。

华为在 IoT 产业发展早期布局比较完整和有成效的是 HiLink 生态。其定位为开启智慧生活，提供从云到端的整套智能设备解决方案，包括家庭娱乐、照明、健康等智能化产品。

2019 年，华为提出 1+8+N 战略。其中，手机是 1，是入口和钥匙；8 包括智慧屏、音响、车机等；这个 8，可以说是华为认为在未来 5G 驱动下的万物互联智慧生活中关键、高频应用的终端设备。基于鸿蒙操作系统的智能设备领域是开放的，所以，1 和 8，以及第三方厂商都是可以参与的。N 是泛物联网设备，包括家居电器、厨具、照明设备、安防设备等。当然，IoT 时代是海量终端的智能互联，华为不可能有精力将全部终端品类覆盖，所以 N 主要交给了华为全场景智能化战略的生态合作伙伴。华为一直强调会做自己擅长的产品和事情，不会与传统家电厂商争夺产品利益。华为为所有家电产品提供互联互通服务，做产业的赋能者。

鸿蒙操作系统的全面发布与高速发展，为华为前期的各项积累，比如 HiLink 的升级、迁移和不断优化迭代等提供了更加稳健的底座支持。

从华为的 1+8+N 智能硬件战略和与之相匹配的软件应用 HMS 华为移动服务发展战略来看，介于硬件和软件之间、统控硬件和软件的鸿蒙操作系统，需要快马加鞭地推进发展。

3.2.2 鸿蒙硬件发展目标

鸿蒙操作系统，首先面临的挑战就是设备接入的数量和用户的数量。鸿蒙操作系统的发展基于华为已有的积累和沉淀，所以其硬件发展目标也一样，在华为原有的智能硬件 1+8+N 战略基础上进行了横纵智能硬件生态发展规划。

横向是指从智能家居扩展到全场景。覆盖七大场景的核心智能设备，在 1 年内接入数量达到 2 亿台。具体产品以手机为中心，包括手表、平板电脑等。

纵向是指从品牌厂家扩展到全产业链。联合芯片、模组等厂商快速打造生态产业链，1 年内生态设备数量超过 1 亿台。具体包括健康仪器、教育器材等。

按照王成录先生所言，2021 年搭载鸿蒙操作系统的设备至少 3 亿台，定这个数量是分析了过去 20 多年计算机和移动产业的生态发展，这是鸿蒙操作系统要达成的基础保障目标。

当然，在鸿蒙操作系统正式发布后，在消费级智能设备行业华为也转变为基础服务提供者，在智能硬件、应用服务等领域，从以前基于安卓等操作系统中的最厉害的运动员之一，转变成了既是运动员又是裁判、教练的角色。

从理论上来讲，笔者认为华为的智能硬件产品是物联网发展前期的主力运动员；通过鸿蒙操作系统，华为将多年积累的世界领先级的技术、研发、管理、营销、运营等经验，赋能给中国及全世界的合作伙伴，提升合作伙伴的综合实力。

同时，华为通过 OpenHarmony、各项接入要求标准等，将成为一个公平公正的裁判，成为所有参与者的教练和万物互联智能世界基础设置的建设投入者。本部分内容在第 1 章“谁的鸿蒙”中有详细的分析，后续也会有关于华为、鸿蒙官方和友商之间关系的详细分析。

3.2.3 芯片

在第 2 章中详细讨论过 PC 互联网时代、移动互联网时代的芯片领导者的情况，比如 PC 互联网时代的英特尔、移动互联网时代的高通等。那么在鸿蒙操作系统的发展过程中，芯片合作伙伴的发展空间、机遇与重要性不言而喻。当然，从知识与技术的密集度、难度来讲，芯片是整个生态中最需要攻坚克难的部分。接下来，我们就进一步了解芯片的专业知识和鸿蒙芯片相关的事项。

芯片有多个名称，比如集成电路、微电路、微芯片、晶片等。现在几乎所有的高科技电子设备都离不开芯片，现代化的生活也离不开它。

从现有的技术阶段来讲，芯片是鸿蒙操作系统智能硬件发展的起点，就像人类的基因一样，决定着人类发展的边界和极限。合适的芯片是鸿蒙操作系统智能硬件接入的首要因素。鸿蒙操作系统智能硬件发展初期公开适配的芯片，主要是海思 Hi3516DV300、Hi3518EV300 与 Hi3861。

海思提供的三种芯片完全可以支持鸿蒙操作系统智能硬件前期厂商的接入及开发者的学习。当然，笔者在创作本书期间，了解到支持鸿蒙操作系统的芯片厂商正在不断增加，本书主要以鸿蒙操作系统发展前期公开宣布的芯片来做说明。

（1）Hi3516DV300 作为 Hi3516 体系，主要支持的是摄像头和带屏幕的产品类型，既适配鸿蒙操作系统南向设备，又可以在适配设备上进行北向应用的开发，比如智慧屏等。

（2）Hi3518EV300 作为 Hi3518 体系，主要适配的是基于鸿蒙操作系统且带摄像头类的产品，比如智能摄像头等。

（3）Hi3861 主要适配的是鸿蒙操作系统产品类型为 WLAN 信道协同类产品，比如家用电器等。

支持鸿蒙操作系统芯片的种类、产量、稳定性、先进性、成本等，是鸿蒙操作系统智能硬件生态繁荣发展的关键因素之一。除了华为海思积极的示范带头，鸿蒙操作系统也正在招募芯片合作伙伴。

芯片合作伙伴是基于鸿蒙操作系统完成自有芯片适配的合作厂商。鸿蒙合作伙伴门户上公示，合作厂商具备智能硬件解决方案的开发、创新及上市推广能力，具备一定的专职团队规模，就可以公开申请加入。

鸿蒙官方公开宣讲的资料公布，有多家芯片厂商支持鸿蒙操作系统智能硬件的适配与使用。同时，基于鸿蒙操作系统的芯片移植开发工作与开发者的培养，发展得如火如荼。芯片移植是将鸿蒙操作系统智能硬件解决方案和各个匹配的芯片融合的过程，移植成功并经过鸿蒙检测通过，就可以支持鸿蒙操作系统硬件使用。

笔者认为，以华为现有的品牌影响力、研发实力、技术投入、营销渠道与产品销售能力等，再加上前期对合作伙伴的全程支持，就鸿蒙操作系统的整体发展战略而言，中国企业、国际芯片厂商与鸿蒙操作系统的合作是一次大机遇。

从华为的发展历程来看，华为一直在激烈的竞争中成长。比如当年和思科的专利大战，华为不但没有被击败，反而逆袭超越。

我们也可以看到，在不断变化的国际大环境中，华为不但没有被击垮，反而更加勇敢地向源头技术迈进。比如芯片的设计与制作、新网络底层支配体系的构建等。

浪潮之巅是在不断迁移的。所以，大家要对中国企业主导的万物互联智能世界的构建充满信心。另外，就是不少厂商担心的"华为既是裁判又是运动员"的问题，鸿蒙不仅是华为的鸿蒙，还是整个生态的鸿蒙。我们看到 Windows、安卓、苹果操作系统的生态合作伙伴，都是当时各个领域的世界级领先者，且获得了巨大的商业财富与各项发展机会。

华为的 1+8+N 智能硬件发展战略基于鸿蒙操作系统，从中国起始，征战万物互联智能世界的构建创造出来的各项机遇是巨大的，完全不是华为及其关联公司所能服务全部市场的。对于华为现有的体量，科研投入实力、品牌影响力、各项领先技术、全球营销渠道，以及政府、企业组织、终端用户市场覆盖情况，中国现有的各类型厂商与鸿蒙操作系统合作，会获得赋能和竞争优势，这比自己单干有更多、更大的发展空间。

3.2.4 模组与开发板

为了便于后续分析，我们先梳理一下芯片、模组、开发板和产品的关系。

从芯片到模组再到产品，是功能个性化使用与呈现、硬件资源不断增加的过程。开发板用于对芯片、模组各项功能和使用场景的学习、测试。最终用到产品中的是模组。

根据现在鸿蒙官方公布的资料，有多家模组厂商支持鸿蒙操作系统，具体包括上海庆科信息技术有限公司、深圳市睿视科技有限公司、四川爱联科技股份有限公司、惠州高盛达科技有限公司等。

支持鸿蒙操作系统模组的种类、产量、稳定性、先进性、成本等也是鸿蒙操作系统智能硬件生态繁荣发展的关键因素之一。除了以上优秀的合作厂商，鸿蒙官方也在招募模组合作伙伴。

鸿蒙操作系统模组合作伙伴是指完成鸿蒙操作系统的硬件模组开发集成，支持品牌厂商完成产品集成上市的合作伙伴。具备智能硬件解决方案的开发、创新及上市推广能力，具备一定的专职团队规模，即可申请加入。

加入主要流程为注册华为企业开发者账号，提交申请，鸿蒙官方审核企业资质，签署合作协议，成为合作伙伴。

到笔者创作本书期间为止，比较流行的支持鸿蒙操作系统的开发板，主要包括江苏润和软件股份有限公司和上海小熊派提供的模组、开发板套件等。笔者及笔者公司团队学习、练习、测试使用的开发板是江苏润和软件股份有限公司提供的。

关于两家开发板的详细介绍，笔者整理如下：

首先，我们来详细了解江苏润和软件股份有限公司基于鸿蒙操作系统的开发板系列产品。具体的种类包括三类：一类是和智能家居相关的开发套件，可应用于小家电、电工类情景，还可以应用于智能物流、无人车等领域的智能小车配件；另外两类是和智能摄像、通信相关的开发套件，它们能大幅提升智能运动监测、人脸识别能力，实现图像采集识别、红外夜视功能，支持 AI 自动人形跟踪等，可应用于智能摄像、安防、车载记录仪等领域。

其次，再来了解小熊派开发板的情况。小熊派的开发板提供了可参照的案例和教程，实现碰一碰联网及拉起服务，可以应用于智能加湿器、台灯、安防、烟感等情景。

3.2.5 解决方案服务商

解决方案伙伴是基于鸿蒙操作系统构建软件服务、软件中间件、智能硬件集成方案等的技术类合作伙伴，支持品牌厂商完成产品集成上市。从某种角度来讲，华为对于鸿蒙官方也是解决方案服务商的角色，我们看到在鸿蒙官方公布的优秀合作伙伴中，解决方案服务商有江苏润和软件股份有限公司、中科创达软件股份有限公司等。

丰富的全场景、分布式、多设备、多应用的鸿蒙操作系统生态上各个角色、各个流程与各个环节的解决方案的深度思考与实践应用，是鸿蒙生态健康、快速发展的关键因素之一。

江苏润和软件股份有限公司能进入优秀的解决方案服务商行列，除了自主研发了一系列的开发板，还推出了基于鸿蒙操作系统的物联网系列模组、Neptune 模组与开发套件等，前期付出了很多努力。

鸿蒙操作系统的发展，需要更多各个领域优秀的解决方案服务商参与，所以，鸿蒙官方也正在公开招募解决方案合作伙伴。具备智能硬件解决方案的开发、创新及上市推广能力，具备一定的专职团队规模，即可申请加入。加入主要流程为注册华为企业开发者账号，提交申请，鸿蒙官方审核企业资质，签署合作协议，成为合作伙伴。

3.2.6 品牌厂商

品牌厂商是基于鸿蒙操作系统完成智能硬件产品的开发集成，并通过鸿蒙操作系统的测试认证，产品量产商用上市推广的合作伙伴，也是华为 1+8+N 战略实施的直接合作和受益对象。

鸿蒙生态的发展，除了华为智能产品的带头接入示范，其他品牌厂商的合作情况也直接决定生态发展的成败。

笔者在前面详细分析过各品牌厂商加入鸿蒙生态的过程，其实就是和华为相互学习，更多的是华为为其赋能提升的过程。在各个细分的类目中，基于鸿蒙操作系统的智能硬件产品崛起是一个必然的趋势，现有的占据领先地位的传统智能硬件品牌厂商和鸿蒙操作系统深度合作，是拥抱新时代的最佳选择。

鸿蒙官方公布的优秀合作伙伴包括美的、九阳、老板电器、海雀科技、360 等国内知名品牌厂商，同时，也在公开招募鸿蒙操作系统品牌合作伙伴，其中具备智能硬件解决方案的开发、创新及上市推广能力，有一定的专职团队规模的厂商即可申请加入。

根据笔者的观察，现在鸿蒙操作系统官方网站已经支持在线申请品牌厂商合作。加入流程为注册华为企业开发者账号，申请提交产品提案，申请成为合作伙伴，鸿蒙官方审核企业资质，合作方案确认，明确产品规格、上市及推广计划，签署合作协议，完成产品上市销售。

以下为笔者公司的品牌厂商申请账户需提交的相关材料等，现供广大想接入鸿蒙操作系统的品牌厂商参考，账户内容截图时间为 2021 年 1 月 13 日。

账户内主要包括认证、安全两部分内容。认证主要是管理产品和计划，获取测试套件，提交设备认证。安全主要是查阅安全公告，获取最新补丁。图 3-1 所示为鸿蒙品牌厂商合作账户的相关内容。

在认证部分里创建产品，需要提交基本信息。具体包括企业信息、产品信息、操作系统（要求必须支持鸿蒙操作系统）、通信类型、销售信息与备注等，如图 3-2 所示。

图 3-1 鸿蒙品牌合作厂商注册账户演示

图 3-2 鸿蒙品牌合作厂商注册账户演示

前期鸿蒙官方在网站后台对设备品牌厂商公开入驻的产品类目有明确的规定，主要分为两个大类目。一个类目是智能家居，下属影音、安防传感、照明三个子类目；影音包括 TV 等产品，安防传感包括网络摄像头，照明包括智能照明。另一个类目是 HarmonyOS 设备，下属智慧视觉类设备和连接类模组，如图 3-3 所示。

安全部分的内容主要是为 HarmonyOS 设备发布安全更新、

提供问题修复程序、了解查看设备的安全补丁级别、收集并提交安全漏洞等相关的事项。具体如图 3-4 所示。

图 3–3　鸿蒙品牌合作厂商入驻账户产品类型

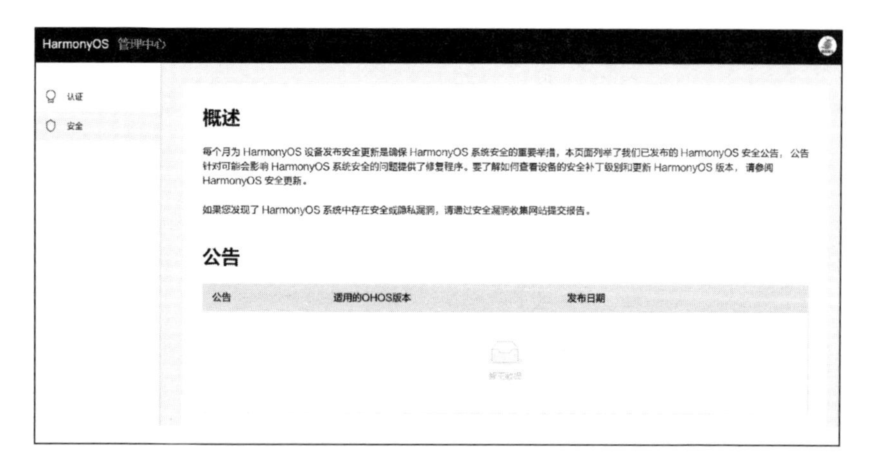

图 3–4　鸿蒙品牌合作厂商账户安全部分的内容

组成完整的支持鸿蒙操作系统的智能硬件，还包括很多其他环节及元器件等。比如产品创意设计、输入输出设备、产品外设、产品加工工厂等。鸿蒙生态的发展能带动整个智能制造的改造升级，带领一路相伴或领跑的合作伙伴提高构建万物互联智能世界的全球竞争力。

3.3 智能设备技术开发

3.3.1 概述

在阐述完品牌厂商申请账户等事项后，就要开始了解智能设备技术开发的相关内容了。

由于笔者创作本书期间，是在鸿蒙操作系统各项技术开发的早期，笔者及笔者所创办的公司属于鸿蒙先行者，所以本章中具体开发相关的内容，可以供想进入鸿蒙操作系统设备开发的个人或者公司内部的员工作为入门级教程使用；具体的代码开发部分，需要读者进一步去深度学习。当然，鸿蒙操作系统发展很快，当读者读到本书时，或许很多技术应用等已经不一样了，但是基本体系是沿着前期的基础逐步升级迭代的，所以本书中的相关基础性质的内容都是具有持续价值的。后续章节中讲到的鸿蒙操作系统北向应用服务、开源、发行版等内容都是采用了这种方式。

华为为鸿蒙操作系统设备的开发，提供了与开源操作系统匹配的芯片、模组等全产业链配套支持。新设备的接入，可与华为自有的产品体系形成互动。

基于鸿蒙操作系统的设备在开发时具备先进性、兼容性强和安全可信等优势。先进性体现在鸿蒙操作系统是在总结世界主流操作系统的优势和劣势的基础上，基于未来、全场景、分布式的全新操作系统，是实现多终端设备形成统一的超级终端的操作系统。兼容性强体现在 POSIX（可移植操作系统接口）兼容各种三方库；HDF 鸿蒙操作系统驱动的统一框架，方便厂商、开发者等适配和移植；兼容业界主流芯片，支持产品快速呈现等。安全可信主要体现在鸿蒙操作系统内核通过形式化验证，软件技术全栈开源等。

接下来进入开发的具体环节，每个环节以简述为主。对于具体的操作细节与详细的开发步骤等，感兴趣的读者可以沿着笔者的路径进行深度钻研。

3.3.2 各项准备

在开始进行 HarmonyOS 设备开发工作前，首先要对开发的全局及支持的设备类型、开发板类型、经典产品案例及主要开发流程、关键环节等有比较系统的了解。

在笔者创作本节时鸿蒙操作系统支持以下几类设备、开发板等。

设备主要包括两大类型：连接类模组设备和智慧视觉类设备。开发板类型主要包括三种：Hi3861 开发板、Hi3518 开发板、Hi3516 开发板。

基于鸿蒙操作系统的硬件设备的完整产品运营包括多个方面：用户需求研究、市场调查、产品策划设计、产品的芯片和模组及各种配件外设选择、产品鸿蒙操作系统接入认证、产品生产销售、售后服务、品牌管理等。这里讨论的技术开发等内容，主要是基于代码层面的需要实现的工作和相关功能。笔者对整体内容进行了简化与各项注释说明，保持本书专业和工具的特征，争取让所有读者都可以了解本部分内容。

首先，我们需要对鸿蒙操作系统有整体的认识，对关于鸿蒙操作系统的各项术语非常熟悉。

现在主要可以操作的三大类产品的整体开发流程是一样的，包括下载开发板的源代码、搭建开发环境、编译、烧录，然后再进行具体各项功能的开发。

其次，在了解了以上基本问题后，我们就要开始阐述环境搭建了。环境搭建主要包括硬件配备和各项软件配置两个环节。进行鸿蒙操作系统设备开发的硬件需要有 Linux 服务器、Windows 工作台（主机计算机）、模组、开发板、数据线。具体结构如图 3-5 所示。

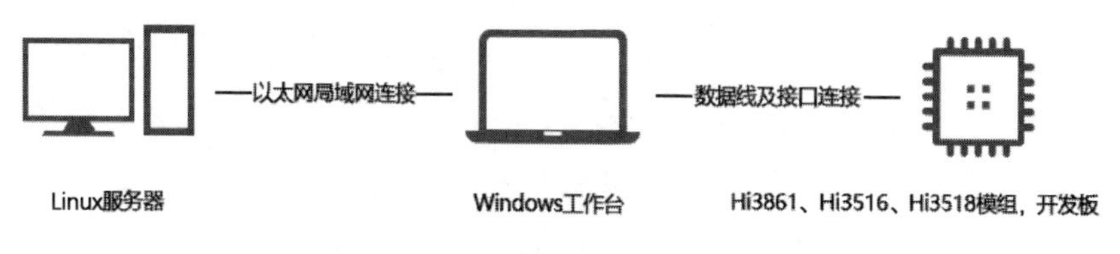

图 3-5　各硬件连接关系图

构建 Linux 服务器与 Windows 工作台的开发环境，需要一系列的软件工具配合，对各软件的各个版本都是有具体要求的，整个安装搭建的流程有一定的复杂性。

最后，在开发环境相关事项完成后就需要获取源代码，准备在环境中进行各项开发工作了。本部分内容在第 5 章中会详细阐述，读者可以结合第 5 章内容来阅读理解。

鸿蒙操作系统开发者主要可以通过以下方式中的一种来获取源代码。从鸿蒙操作系统源代码的镜像副本站点获取，这种方式是鸿蒙官方推荐的，要注意验证其完整性等。从 HPM 包管理工具网站获取组件、发行版与代码等，适用于需要快速和直接上手的用户。对于已经有了组件相关的源代码，需要对其中的某些部分进行独立升级的开发者来说，适合用包管理器命令进行工具获取。从代码仓库获取代码，适用于建立自己鸿蒙操作系统分支生态、修复问题、官方认证等多种情况。

技术开发者需要熟悉源代码目录里的一些详细说明，才能进行后续的深度开发工作。

3.3.3 开发环境

HUAWEI DevEco Device Tool（简称 DevEco Device Tool）是鸿蒙操作系统面向智能设备开发者提供的一站式集成开发环境，支持鸿蒙操作系统的组件按需定制，支持代码一键编辑、烧录和可视化调试、分布式能力集成等功能，支持 C 语言、C++ 语言。

南向设备技术开发者主要是基于 HUAWEI DevEco Device Tool 进行各项开发作业的。演示版本是持续升级的，演示只是为了说明整体逻辑和流程，后续的迭代也是在现有的基础上不断优化的，所以，对于想深度学习技术开发的读者来说，本书的技术引导、指导入门价值是完全具备的。

笔者认为 DevEco Device Tool 对专业性与综合性知识、经验要求是比较高的，因为涉及 C 语言、C++语言、多个环境安装使用、开发板熟悉等环节，所以在实践的过程中也很具有挑战性。该工具以 Visual Studio Code 插件形式提供，轻便小巧；支持 Windows 和 Ubuntu 系统；支持代码查找、高亮、自动补齐、输入提示、检查等；支持多种类型的开发板；支持单步调试能力和查看内存、变量等调试信息；支持 HDF 鸿蒙驱动管理，可在源代码中快速创建驱动模板，并自动生成相关接口和依赖。

对于 DevEco Device Tool 的具体使用、相关操作流程和环节，需要我们提前熟悉整个开发工具。进行环境准备，根据开发者需求选择 Windows 开发环境或者 Ubuntu 开发环境。进行工程管理，包括创建新工程、打开工程、HDF 鸿蒙驱动管理三个主要步骤。进行代码编辑、代码编译、代码烧录与代码调试等。

3.3.4 开源兼容性

由于鸿蒙操作系统的开源涉及各种智能设备、模组、芯片和控制设备的软件、各种系统软件、应用软件等，所以，在鸿蒙操作系统中各个组成部分的兼容性就非常重要。

兼容性需要靠统一规范去管理，当然，这也会随着鸿蒙操作系统的发展而不断调整。但是，其基本要求是所有开发者需要明确知道规范，不然付出的努力与开发成果不能融入整体系统，还破坏系统，就非常不好了。

鸿蒙官方产品兼容性规范文档简称为 PCS 文档，相关文档涉及设备类型、软件、硬件、分布式、性能功耗、安全、多媒体、系统和软件升级兼容性、开发工具与开发选项兼容性等。

产品兼容性规范文档跟随鸿蒙操作系统的版本发布而动态更新。兼容性测试是与文档中的条款对应的测试套件，但没有覆盖文档的全部条款，所以通过该测试只是遵循条款的必要条件。

认证测试要求和认证测试套件通过鸿蒙操作系统官网定期发布和更新。每一款鸿蒙设备、每一个鸿蒙商用版本都必须遵循与通过鸿蒙操作系统要求的所有认证测试，必须使用配套的官方发布的最新认证测试套件进行认证测试。

3.3.5 开发相关

鸿蒙操作系统智能设备开发的范畴包括内核开发、驱动开发、子系统开发、组件开发、移植、设备开发与各项 API 参考等。当然，笔者认为随着鸿蒙操作系统的不断发展，开发的内容也会更加细致化与丰富化，比如移植这个部分就是随着实践与发展的需要，而加入官方开发指导相关内容中的。

鸿蒙操作系统智能设备开发中各项功能的实现，需要综合考虑需要实现功能的基本概念、使用场景、开发过程、步骤、注意事项与约束条件等。

鸿蒙操作系统为各种智能设备开发提供了非常丰富的、强大的功能支持体系，将PC互联网、移动互联网各种智能设备，基于未来的物联网、人工智能等各项可能使用到的基础功能，进行封装和作为基础能力提供，让设备合作伙伴、开发者可以聚焦于用户、产品需求、创意与具体业务逻辑等。

本部分内容会把到本书截稿时间为止的、鸿蒙官方提供的主要相关功能场景进行阐述，以便于同设备相关的合作伙伴、决策者、产品经理、设计人员、代码开发工程师及普通的读者，知道哪些具体的想法、市场需求是现在可以通过鸿蒙操作系统的功能就可以实现的，哪些是需要组合、创新才能完成的，哪些是需要和鸿蒙官方进行单独沟通才有可能完成的。

当然，鸿蒙操作系统在不断发展，提供的各项功能与接口会越来越丰富，笔者的创作只是起到抛砖引玉的作用。所以，本节中具体涉及代码的部分，比如开发接口、开发步骤与生命周期等，就没有阐述。

1. 内核开发

内核系统最核心的部分，其开发范畴包括了基于鸿蒙操作系统的轻内核基础功能、轻内核文件系统、标准库和调测四部分。

（1）轻内核基础功能

轻内核基础功能包括进程、线程、内存、网络四部分。

首先，我们来阐述进程、线程开发相关的事项。进程、线程的逻辑表现用通俗的例子来说明，就跟我们使用 App 一样，打开一个 App 就类似一个进程、线程的概念；当我们打开多个 App

时，就是多个进程、线程启动，优先的进程、线程是我们正在使用的或者最后一个打开的；当然，这个举例只是为了便于读者理解，进程、线程并不等于笔者表述的 App 或者 App 功能界面。

从系统的角度来看，进程是资源管理单元，线程是竞争系统资源的最小运行单元。进程、线程都可以使用 CPU（中央处理器）、内存空间等系统资源，并独立于其他进程、线程运行。鸿蒙操作系统内核的进程、线程模块可以为用户提供多个进程与线程，实现了进程与进程、线程与线程之间的通信，帮助用户管理具体的业务流程。鸿蒙操作系统内核中的进程、线程采用抢占式调度机制。

其次，内存管理是开发过程中必须要关注的重要过程，它包括内存的分配、使用和回收。良好的内存管理对于提高软件性能和可靠性有着十分重要的意义。

最后，智能设备开发中的网络模块实现了 TCP/IP 协议栈基本功能。

开发者可以对内核中的进程、线程、内存、网络进行基于开源环境下的各项业务流程实现与各项优化升级系统本身的尝试工作。

（2）轻内核文件系统

基于鸿蒙操作系统的轻内核文件系统具体包括以下几个部分：

VFS（虚拟文件系统）为用户提供统一文件操作接口。NFS

（网络文件系统）通过网络让不同的机器、操作系统彼此分享其他用户的文件。还包括基于 RAM 主存储器的动态文件系统的一种缓冲机制 RAMFS 文件系统、FAT（文件配置表）与 JFFS2（闪存日志型文件系统第 2 版）。

以上各个文件系统，包括了世界主流存储相关的技术、开发者及用户日常中会涉及的各项存储相关的要求，并体现出全场景、分布式的各项存储要求的不断发展和完善。鸿蒙官方提供了存储相关的开发指导和示例，感兴趣的开发者可以再深入了解。

（3）标准库

鸿蒙操作系统内核使用的标准库的特点是轻量级、免费、标准兼容和具备安全保障等。标准库支持标准 POSIX，开发者可基于 POSIX 开发内核之上的组件及应用。

当然，鸿蒙操作系统内核承载的标准库与世界上其他主流标准库之间在进程、内存、文件系统等方面存在一些关键差异，开发者引用库中内容时需要注意。

鸿蒙官方提供了丰富的标准库支持接口文档，开发者可根据提供的接口开发组件及应用等。

（4）调测

鸿蒙操作系统内核不仅支持调试常用的基本功能，还支持添加新的命令与调试内容。开发者可以进行调试本身系统相关功能的优化与各项新的调试内容的开发等工作。具体可调试的系统、文件、网络等相关命令内容举例如下。

系统相关命令包括提供查询系统任务、内核信号量等相关信息的能力。文件相关命令支持基本的显示目录内容与切换工作目录的功能。网络相关命令支持查询接到开发板的其他设备的 IP 互联网协议地址、查询本机 IP 地址、测试网络连接等相关功能。我们可以通过魔法键功能检查系统运行出现无响应等情况的原因并进行处理。

当出现系统异常时，我们可以从异常基本信息或者进程、线程基本信息等方面进行分析，找出具体原因并处理。

2. 驱动开发

驱动开发相关的事项主要包括 HDF 驱动框架、平台和外设三部分，主要与硬件设备相关。

HDF 鸿蒙驱动框架提供驱动框架能力，包括驱动加载、服务管理和消息机制。构建统一的架构平台，为驱动开发者提供友好的开发环境，实现一次开发，多系统部署。基于 HDF 框架进行驱动的开发主要分为两部分：驱动实现和配置。

驱动加载包括按需加载和按序加载两种形式。服务管理是指开发者可直接通过 HDF 框架对外提供的能力接口获取驱动相关的服务。消息机制是指 HDF 框架提供统一的驱动消息机制，支持用户态应用与内核态驱动双向的消息发送。

可以进行各项开发的驱动平台包括 GPIO（通用型输入输出）平台，I2C 双向二线制同步串行总线平台，操作系统中的 RTC（实时时钟）设备，SDIO（安全数字输入输出）接口平台，SPI（串行外设接口）平台，UART（通用异步收发传输器）等。

驱动外设相关主要包括WLAN无线局域网与Touchscreen触摸屏两部分。

各无线局域网厂商、驱动开发者可根据该模块提供的向下统一接口适配各自的驱动代码，硬件抽象层开发人员可根据该模块提供的向上统一接口获取比如建立、关闭WLAN热点、扫描等能力。

触摸屏驱动基于HDF框架及平台型和操作系统抽象层基础接口进行开发。与WLAN驱动一样，触摸屏驱动不区分操作系统和芯片平台，为不同厂商提供统一的驱动模型，从而方便各厂商的适配。

3. 子系统开发

子系统开发具体包括分布式远程启动、图形图像、媒体与公共基础库、用户程序框架、编译构建与测试、DFX（面向产品生命周期各环节的设计）与XTS（鸿蒙操作系统生态认证测试套件组合）这几部分。

开发者可以基于各个子系统去实现设备、应用需要的各项功能，也可以通过开源参与的形式，对各子系统的不断优化发展做贡献。

（1）分布式远程启动

分布式远程启动是鸿蒙操作系统的重要特征之一，主要是指通过主从设备，比如电视与手表的协助、协同，在电视开播具体节目时，用户配套的智能手表有相应的提示提醒用户及时观看等，来实现更好的用户体验的子系统。

（2）图形图像

图形图像是最基本媒介组成部分，其开发范畴具体包括 UI 组件和容器类组件、布局、动画、Input 输入函数事件、渲染等。

UI 组件和容器类组件，包括按钮、图像、标签、表单等；实现各种控件比如按钮、文本、进度条等，提供界面切换、截屏等能力。模块内部实现渲染、动画、输入事件分发等功能。

布局包括实现网格灵活布局等。动画提供开始、停止、暂停等各种操作，用于实现动画效果。Input 输入函数事件包括触摸屏和物理按键方式，通过读取一次硬件输入，为各种事件所使用。

渲染包括 2D 图形渲染、字体渲染等绘制操作；图像渲染实现各种类型图片如 PNG、JPG 格式的绘制；字体渲染支持矢量字体的实时绘制等。

（3）媒体与公共基础库

对于设备来讲，媒体是和外界沟通的方式，所以，媒体开发是最基本的部分。媒体开发包括相机开发、音视频开发等几方面。

相机是鸿蒙操作系统多媒体进程提供的服务之一，相机开发的具体内容包括拍照、录像与预览等。音视频开发的具体内容包括音视频播放和录制等。

公共基础库放置鸿蒙操作系统通用的基础组件，通用的基础组件可被系统各业务子系统及上层应用所使用。公共基础库在鸿蒙操作系统内的不同平台上提供的能力不同，基于公共基础的开发就是对这些能力调用的开发。

（4）用户程序框架

用户程序框架是鸿蒙官方为开发者提供开发鸿蒙操作系统应用的框架，主要包含两部分：一是 Ability 抽象能力子系统，管理鸿蒙操作系统应用的运行状态；二是包管理子系统，为开发者提供安装包管理。关于本部分内容，我们在第 4 章、第 5 章中会详细阐述，本处简要梳理。

应用开发包括带界面的 Ability 的应用，比如新闻类等，本类应用有利于人机交互；不带界面的 Ability 应用，比如音乐播放器在后台播放音乐等。这两者都需要打包成 HAP 文件格式包，最终发布到应用市场，用户通过应用市场下载安装才能使用。

（5）编译构建与测试

编译构建子系统提供了编译构建框架，用于构建不同芯片平台与 HPM 包管理配置生成的自定义产品。测试子系统是开发者的自测试平台，支持三方测试框架的开发对接，主要包括测试用例编译、管理、调度分发、执行、模板，结果收集、报告生成、环境管理等。

（6）DFX（面向产品生命周期各环节的设计）与 XTS（鸿蒙

操作系统生态认证测试套件组合）

DFX 主要包含 DFR 的可靠性和 DFT 可测试性的特性，为开发者提供代码测试信息。由于芯片平台资源有限，且硬件设备平台多样，所以需要对不同硬件架构和资源提供组件化、可定制的测试框架。鸿蒙官方提供了两种不同的轻量级 DFX 框架，而且这两种框架满足了现有各种硬件平台使用的需要。

XTS 是鸿蒙操作系统生态认证测试套件组合，当前主要指 acts 应用兼容性测试套件。相关测试用例源代码与配置文件的目的是帮助终端设备厂商尽早发现软件与鸿蒙操作系统的不兼容性，确保软件在全开发过程中满足 OpenHarmony 的兼容性要求。连接类模组用例开发语言是 C 语言，智慧视觉类设备用例开发语言是 C++语言。鸿蒙官方宣传正在拓展 dcts 设备兼容性测试套件。

4. 组件开发

关于组件开发与发行版相关事项，我们会在第 5 章中重点阐述，本处主要介绍其基本概念。

组件可以分为与设备硬件相关的组件、与系统相关的组件、直接面向用户提供服务的应用组件等。从形式上来看，组件的特征是复用，比如源代码、二进制、代码片段等可以复用的模块都可以称为组件。

发行版通常是将一系列组件组合起来，成为编译可以运行的鸿蒙操作系统解决方案镜像副本，里面包含了多个依赖的组件的脚本，用于描述如何完成编译、连接这些组件。

5. 移植

通过移植的方式，可以快速地降低模组、方案等成本，获得竞争优势。鸿蒙操作系统提供了适用于 Hi3516DV300 和 Hi3518EV300 平台的移植程序与命令的相关指南。

移植的整体思路是通过修改工具链，交叉编译该三方库，生成鸿蒙操作系统平台的可执行文件，最后通过相关工具程序与命令添加到鸿蒙操作系统工程中。

具体流程包括源代码获取、设置交叉编译、测试、将库编译添加到鸿蒙操作系统工程中。

6. 设备开发

设备开发是基于前面各项开发内容的具体实际应用案例。在笔者创作本书期间，鸿蒙官方已经有了以下相对详细的指导案例：一是 WLAN 连接类产品，比如 LED 外设控制、碰一碰场景、集成三方 SDK（软件开发工具包）开发等；二是无屏摄像头类产品，比如摄像头控制、设备虚拟化开发等；三是带屏摄像头类产品，比如基于 IoT 的相机开发板，利用其摄像头和屏幕完成拍照、录像和视频预览等。

具体流程包括开发准备，比如准备好开发模组、开发环境安装、项目功能的具体策划确定等，添加页面，开发首页，开发详情页，调试，打包，真机运行等。

7. API 参考

鸿蒙官方为以上各个部分的开发提供了丰富的 API 参考，API 的数量及功能还在不断丰富和发展中，通过将以上开发的内容进行综合应用，就可以在现在鸿蒙操作系统支持的模组、开发板或者产品上实现各项功能。

由于本书不是供技术类开发者使用的，所以本书主要是让读者了解基本的开发相关内容和流程。

3.3.6 安全相关

安全相关内容包括整体概述、隐私保护和安全更新三方面。

1. 整体概述

鸿蒙操作系统是一个开放的系统，开发者可以通过鸿蒙操作系统开发灵活的服务和应用，为使用者带来便利和价值。为了达到这一目的，鸿蒙操作系统提供了一个可以有效保护应用和用户数据的可信环境。在这个可信环境中，芯片、系统的安全能力，以及上层的安全服务一起协作，从硬件、系统、数据、设备互联、应用多个维度提供安全保障。

（1）硬件安全

鸿蒙操作系统硬件安全的保障机制，主要通过可信根与环境、硬件密钥的综合应用来保障。

启动可信根主要是确保软件的完整性、设备运行来源合法与软件未被篡改。基于鸿蒙操作系统的设备在硬件隔离的可信环境中其核心敏感数据实现保护，即使在不可信环境中的操作系统存在漏洞或者被攻击，也能确保敏感数据的安全。通过硬件加解密技术或者使用计算机硬件辅助软件，甚至直接取代软件来处理数据的加解密，这比由软件实现的加解密计算更高效、更安全。

当然，并不是所有的鸿蒙操作系统设备都被强制要求支持可信执行环境，可根据实际需要选择是否支持及实现怎样的可信执行环境。

（2）系统安全

系统安全及其机制主要通过进程隔离、自主访问控制（文件权限由文件所有者来决定其他角色的访问权限）、对系统管理员权限的具体细分机制、安全启动等来实现。

鸿蒙官方的推荐做法是自主访问控制和对系统管理员权限的具体细分机制。对系统管理员权限的具体细分机制是控制资源可以被谁访问的机制，建议遵循最小权限原则。开启安全启动，信任根基于芯片的不可更改的方式存在，安全升级后必须更新对应镜像文件的签名信息或者哈希值来验证。

（3）数据安全

数据安全及其机制主要通过 HUKS（Huawei Universal Keystore Service）来实现，包含了密钥管理、证书管理服务，支持认证加密、签名验签、密钥协商、消息认证、数据摘要等算法。

关于设备认证功能，鸿蒙官方的推荐做法是使用 HiChain 设备身份认证平台来对接，HUKS 可以向 HiChain 等应用提供密钥的产生、导入、导出、加密、解密等能力。

（4）设备互联安全

设备互联安全，需要保证设备之间相互正确可信，搭建安全的连接通道，实现数据的安全传输。

IoT 主控设备与 IoT 设备会通过设备身份标识、信任关系绑定、公钥进行相互认证，通过 STS 标准传输协议、会话密钥协商等进行安全通信。

（5）应用安全

应用安全及其机制主要包括应用签名管控与权限控制。

应用签名管控是指鸿蒙操作系统的应用安装需要首先对包的完整性等进行校验。具体策略是在应用开发完成并调试后对安装包进行签名，通过私钥与公钥对应、计算包的哈希值的方式进行验证。

同时，为了保证开发者的合法性，开发者需要向云端申请开发证书，开发完成后，在安装过程中，对开发者的自签名信息做校验，确保其合法性。

由于鸿蒙操作系统允许安装三方应用，所以需要对三方应用的敏感权限，包括对静态权限和动态权限的调用进行管控。开发者在开发过程中就要确认应用在正式运行时需要使用哪些权限，并根据权限的类别在 profile.json 简介文件中进行注册和各项调用开发。

2. 隐私保护

在智能设备及应用上，隐私与个人数据保护是否符合要求，是其能否上线的前置条件。这也涉及用户们的切身利益，所以读者需要有比较清晰的了解。

个人数据包括自然人的地址、电话、生物特征等，分为个人敏感数据与个人公开数据等。《通用数据保护条例》中提到可以通过数据主体明示同意的方式合法地处理包括敏感个人数据，进行用户画像分析等。参照《通用数据保护条例》从数据保护目标、泄露影响等方面来看，鸿蒙操作系统对数据分为五个数据级别，分别有不同的隐私对应政策要求。

为了指导厂商完成产品的隐私设计工作，鸿蒙官方公布了通用的隐私设计要求，作为设备厂商设计工作的指南和参考。具体包括数据收集及使用公开透明、最小化原则、处理选择和控制、安全、本地化处理、未成年人数据保护、特殊品类要求这几部分。

对于消费级硬件产品来说，除了满足通用隐私要求，特殊品类的产品还会有各种特殊要求，需要在产品设计过程中参照执行。比如非用户本人访问安防产品的音视频数据，必须获得相应的授权；在跨设备使用移动办公用户数据时，需要给予用户明示同意的选择和取消权，车机应用应该避免让用户在驾驶过程中进行复杂的权限设置与干扰互动等。

3. 安全更新

安全更新，即 HarmonyOS 中发现的安全漏洞的处理。HarmonyOS 安全团队有内部机制来找出漏洞，并对外部上报的漏洞采取应对措施。如果开发者发现存在安全或隐私问题，可以通过鸿蒙官方安全漏洞收集网站提交报告。

安全漏洞在得到修复后，HarmonyOS 安全团队会将相关的详细信息通知给合作伙伴，并提供相应的补丁程序。在后续一段时间内，HarmonyOS 会把漏洞同步到 HarmonyOS 社区公告。

3.3.7 认证相关

基于鸿蒙操作系统的设备需要进行的主要认证测试内容包括硬件兼容性、安全性与分布式特性测试。

设备进行鸿蒙操作系统认证必须具备四大特征：一是支持鸿蒙操作系统；二是满足相关安全要求；三是具备分布式基础体验；四是至少支持一种方式拉起设备管理 FA，比如通过手机和其他设备碰一碰、扫一扫的方式实现配网等。

1. 鸿蒙操作系统认证流程介绍

经过测试认证的产品，会有鸿蒙官方证书授权。这是产品品牌价值、技术性能、安全及产品上市的基本、必要和前提条件。鸿蒙操作系统认证流程如图 3-6 所示。

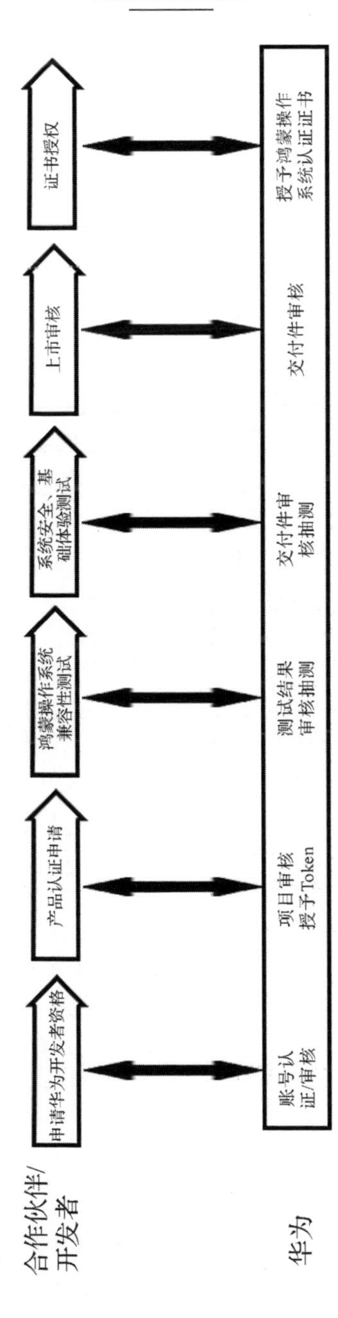

图 3-6 鸿蒙操作系统认证流程

具体的认证流程包括如下步骤：

首先，品牌厂商通过华为官方网站进行账号注册、认证与登录，申请华为开发者资格并开通、关联鸿蒙操作系统品牌厂商认证账户；进行产品认证申请，具体包括认证申请、注册产品、下载开发资料包、申请研制 Token 令牌、进行产品设计与开发等。鸿蒙官方会对申请的项目进行审核，授予 Token 令牌。

其次，品牌厂商需要进行鸿蒙操作系统兼容性测试，包括下载测试工具与兼容性测试套件、完成自验证、提交自测结果等；通过鸿蒙官方测试结果审查与抽测后，品牌厂商再进行系统安全、基础体验测试，包括下载测试套件、完成测试自验证、提交自测结果、投递样机、豁免申请等工作，鸿蒙官方对交付件进行审核、抽测。

最后，就是上市审核，包括产品合规性检查、合规性认证报告、行业认证证书、品牌使用检查等，鸿蒙官方对品牌厂商的交付件进行审核。在这个流程顺利通过后，就是证书授权，授予鸿蒙操作系统认证证书给品牌厂商。

在整个流程中，若相关环节或者认证测试未通过，需要根据反馈材料与测试报告对失败情况进行分析和修复，自测通过后再重新提交。

2. 鸿蒙操作系统认证测试指导

在认证测试流程的各个环节中，鸿蒙操作系统团队要求合作伙伴先进行自测。其中，硬件测试遵循国家强制认证和行业认证的要求，提供认证报告给鸿蒙操作系统团队进行审核。而关于兼容性、安全性和鸿蒙操作系统分布式特性测试，鸿蒙官方提供了相应的测试指导。

兼容性测试主要是验证接入的设备、应用是否满足鸿蒙操作系统开源兼容性规定的技术要求，确保设备、应用运行的稳定性，同时让设备、应用有一致性的接口和体验。具体过程包括开发环境搭建、版本编译构建、烧录、参照兼容性用例进行调试与查看测试报告等环节。

安全性测试主要是验证接入的设备、应用是否满足安全要求。当前主要提供两项认证服务：一是漏洞补丁安全测试 SSTS，通过对已知漏洞的验证，保障接入的设备及时正确更新漏洞补丁；二是镜像安全测试 ISTS，对接入设备的镜像副本及预置应用进行检测，防止各种恶意行为的引入。

在笔者创作本书期间，基于鸿蒙操作系统的分布式能力，鸿蒙官方主要提供 OneHop 碰一碰实现手机与 HarmonyOS 设备一键配网等分布式特性，通过 DV 设备虚拟化实现以手机为中心、周边鸿蒙操作系统设备和应用协调协同使用的分布式特性。

当然，除了 OneHop 和 DV 分布式新特性，鸿蒙操作系统团队还正在推出新的分布式业务。

DECC 是鸿蒙操作系统生态认证测试工具，使用该工具的前提是要么用户已在华为开发者联盟网站注册并完成实名认证，要么用户已在 HarmonyOS 设备开发者门户的“管理中心”里提交验收项目申请并通过审核。

DECC 可帮助开发者在项目的开发阶段进行认证测试、调试等，也可以帮助开发者在项目开发完成后，将认证测试报告上传到华为统一认证平台进行审核等。该工具的整体使用流程包括进行测试准备、安装与部署调试工具、进行测试环境准备、进行调试与认证、进行测试报告管理等。

3. 鸿蒙操作系统认证实验室简介

鸿蒙操作系统认证实验室是一个开放可信认证的平台，也是华为生态体系不断提升、创新、研发、引领、测评的机构。

实验室当前有鸿蒙操作系统认证等多个专业功能区，构建了可信远程测试工具等自动化能力。鸿蒙操作系统认证针对智慧出行、智能家居等全场景业务，构建了端到端的体验评测标准及鸿蒙操作系统认证测试。

由于华为在鸿蒙操作系统正式发布前，就已经有物联网项目的实践，比如 HiLink 等，所以鸿蒙操作系统认证和原 HiLink 设备之间是有关联关系的，通过 Work With HUAWEI HiLink 认证的设备可以豁免鸿蒙操作系统硬件测试。笔者认为，HiLink 相关产品和应用都会逐步基于鸿蒙操作系统切换、升级、完善与发展。

3.4 硬件设备变革

3.4.1 拥抱鸿蒙的三种战略

策划、设计、生产、经营一个或者多个智能硬件产品，其实也是品牌的塑造过程，比如我们知道的华为公司、苹果公司的产品等都是世界一流的品牌。塑造品牌的整个体系还是非常复杂的，涉及市场需求、产品、公司组织、营销、品牌管理等多个环节和内容，但是基于鸿蒙操作系统的智能设备产品的品牌塑造过程，和传统的线下品牌、网络品牌的塑造过程不一样。这种新的产品、品牌形式和用户的互动更加频繁，和用户的相互依存更加紧密；对传统的营销渠道、售后服务形式也会产生影响；使品牌厂商的商业模式和商业逻辑进行升级。每个产品都转化成了一个智能机器人和流程入口，成了和用户互动、沟通的桥梁；产品品牌的所有环节都将数据化，都将在云端进行存储，获得各项人工智能算法的支持等，形成和各种设备联动的超级终端。

企业和厂商等在拥抱鸿蒙发展机遇的过程中能否胜出，能否在自己的领域获得巨大的发展并站在行业发展的浪潮之巅，笔者认为要从如下维度去综合考量。具体包括鸿蒙发展战略的选择，以产品为基础，处理好关键要素，进行组织结构调整和人员配备，数据承接中心的建立与实现途径，定位、个性与识别系统、整合传播的实施，产品及品牌的社区管理、价值管理、资产管理、品牌监测、生态管理的实现等。

通过以上的各项分析，我们得出的结论是：各类硬件设备品牌厂商拥抱鸿蒙、共同发展，是一次大机遇，是决定企业未来发展的关键战略决策之一。但是各个企业、厂商的发展情况千差万别，所以，针对不同类型的企业、厂商及其所处的不同时期，笔者认为他们应该采用不同的鸿蒙合作发展战略与规划。

笔者认为，硬件设备厂商拥抱鸿蒙发展机遇的战略主要分为以下三种类型：

第一种是基于鸿蒙操作系统的新产品、新品牌的建立。采用这种战略的是新成立或者以前没有智能物联网产品发展经验的企业。这种类型的企业与厂商能轻装上阵，不容易受到陈旧思维与模式的影响。这类企业一旦确定基于鸿蒙生态发展的战略，就会有足够的准备。越早期进入越有优势，不折不扣地执行发展计划，加上鸿蒙操作系统前期的各项红利、支持先行者的一些政策等，使这些企业与厂商在其行业中快速崛起，脱颖而出，甚至成为行业智慧物联新发展趋势的领导者。

第二种是鸿蒙操作系统产品、品牌延伸战略。采用此种战略的是在某个行业或领域、在功能产品时代和非鸿蒙的智能物联网时代都是佼佼者的企业和厂商，他们拥抱鸿蒙，全力参与鸿蒙生态建设，具备非常大的后发优势，可以快速超越已有成就的鸿蒙同行业的竞争者。

第三种是基于鸿蒙操作系统的产品与品牌重塑的企业和厂商。采用此种发展战略的企业和厂商在非鸿蒙的智能物联网产品、品牌领域都有尝试，但不是很成功，特别是在智能物联网领域的投入、回报等非常不乐观，使企业和厂商对智能物联网这种新的发展方向已经失去信心。这些企业和厂商可以基于鸿蒙操作系统发展的各项全新的技术、理念、发展前景等，拥抱鸿蒙，重塑其产品、品牌来获得竞争优势。

当然，我们分析的第二种类型的企业和厂商也可能采用第三种战略。绝大部分做得好的企业所涉及的与物联网、IoT相关的产业和产品，都不是基于全新的、专门为万物互联智能化的操作系统底层生态来构建的，所以，在鸿蒙时代这些企业和厂商都将有很大的提升空间。比如笔者拜访过几家这样的企业，前期通过物联网、智能化概念提高产品销售额，销售渠道铺设得非常广，但是产品销售完以后的联网、数据反馈、用户使用情况非常不乐观，他们其实希望有鸿蒙这样的新生态来帮助他们解决很多以前解决不了的问题。

笔者认为，现在在物联网领域里做得相对较好的企业，特别是中国的企业及厂商，应该积极和鸿蒙合作，重塑升级，融入大生态，这样才会做得更好。

3.4.2 基础

关于产品部分，特别是基于鸿蒙操作系统特征和场景化应用部分，在第6章中会详细阐述，本部分内容只是从企业、厂商决策流程基于传统的最基本的产品思路进行梳理。

笔者认为，企业和厂商拥抱鸿蒙首先要考虑的是基于市场需求的具有鸿蒙操作系统特征的产品。根据菲利普·科特勒定义产品的五个层次，我们在研究鸿蒙硬件产品时可以将这五个层次作为主要的思考参照体系。

1. 核心产品

产品设计开发厂商要认清楚自己是利益提供者，这是最根本、最实质的层次，核心产品主要注重产品的效用。比如人们买冰箱就是为了保存食品等，一台冰箱无论样式多么漂亮，如果不能很好地制冷，就不能算是好产品。所以，所有要参与鸿蒙操作系统的智能硬件设备厂商，首先需要对自己产品的核心利益考虑清楚，这也是核心竞争力的体现；同时，各个厂商对自己产品的核心利益要自信，软件定义硬件最终还是需要各个硬件设备的核心功能实现基础入网、智能化。

2. 一般产品

一般产品指产品所拥有的各项外部特征，包括标识、包装、款式、颜色等。不同的特征能满足不同用户的需求。对于和鸿蒙生态体系合作的智能硬件设备厂商，鸿蒙会有一系列的要求、认证，也会有鸿蒙特有的标识；鸿蒙基于华为原有品牌的积累和综合实力，本身就是强大的品牌背书，对于我们所讲的一般产品范畴的各项优势获得来说，不言而喻。

3. 期望产品

期望产品是指满足用户的通常期望的产品。在这个层面对所有设备进行联网，进行智慧化管理，就是为了让用户在使用各种设备时更加舒适，高效率管理各种设备的能耗等；所以，基于鸿蒙操作系统的智能硬件产品，在顾客期望产品的层面或许会给他们带来更多的惊喜。

4. 附加产品和潜在产品

附加产品和潜在产品，是指以上范畴外增加的额外服务和利益，它们能够给用户带来更多的利益和满足。基于鸿蒙操作系统的智能设备完全会颠覆以往的商业模式与服务模式，厂家会通过联网入云产生的数据和人工智能算法等直接和用户沟通，服务好每位用户；所有智能设备形成以用户为中心的超级终端，完全符合附加产品和潜在产品的各项特征。

所以，笔者认为基于鸿蒙操作系统的智能硬件产品不仅在适应市场需求，还在创造和引导万物互联智能世界的新需求。

3.4.3 关键因素

笔者认为企业、厂商基于鸿蒙操作系统智能设备的发展是一种变革，是对企业现有资源的持续整合和优化的过程，而企业变革的成功与以下要素密不可分。

头参与。企业的决策人或者决策团队必须亲自推进变革，拥抱鸿蒙的企业与厂商需要有与时俱进的精神和对未来世界的洞察力。企业家对本书所述的基于鸿蒙操作系统万物互联智能世界的各项知识、实践内容等充满了兴趣与认可，并有能力和热情将这些思想等传播给企业的员工、合作伙伴、顾客等，获得他们的认同、支持、全力参与。这是对头参与的基本要求。

变革企业文化。一个新的企业战略的推出，要能获得全公司的认同与执行，要在公司的文化层面有所体现才行。鸿蒙操作系统前期由华为创造，而华为是中国企业走向世界市场的成功代表，特别是在近几年大环境的变化中，很多企业都迷失了发展方向，没有赶上时代的变化。华为表现出来的各项决心、行动与实力等，是很多中小型企业需要学习和实践的。企业基于鸿蒙发展战略的规划与实施，需要融入企业所有参与员工的思想、公司的各项组织制度、公司每个人的工作与行为及公司各种宣传材料中。鸿蒙发展战略的成功，一定是伴随着企业文化的变革而成功的。

员工对变革和鸿蒙发展战略的认同、参与、投入与及时激励。虽然每个企业和品牌厂商不一定会像华为一样，能形成全员持股，能将这么多知识分子成员体系管理得很好，但是，让企业全员认同、深度参与，将每个人的发展与利益捆绑，有利于战略发展的成功。

通过基于鸿蒙合作的变革，获得更多的顾客并提高顾客忠诚度。鸿蒙发展战略的实施，只有为企业带来实际的效益，包括品牌的正面影响、实际的收益、利润的增加等，才能获得员工的认可与支持，所以，发展节奏的把握也很重要。

为了给以上关键要素提供便利的系统、流程和资源支持，企业及厂商在发展战略的制定与执行过程中，必须从思想上清晰地认识这些因素，并创造这些能使鸿蒙发展战略实施成功的条件。

本节最后，我们来讨论企业及厂商相关观念的改变。无论是大型企业还是中小型企业，都普遍认为企业的数据中心、网络运营体系、云服务器等是企业的服务部门，主要是为企业的业务部门等服务的。现在需要转变的观念是，公司产品全面联网，网络数据本身就是效益，网络数据途径就是企业的收入来源和利润中心。

鸿蒙硬件设备发展战略，要求转变智能产品、网络、数据相关的业务体系是企业的职能部门和配套服务部门的观念，这些业务体系应是企业的核心业务部门甚至是统领发展的部门。观念转变后，接下来就是组织结构的调整和人员的配置优化。

3.4.4 组织结构与人员

笔者认为实施鸿蒙发展战略的企业及厂商，其内部需要实行鸿蒙产品品牌经理负责制，即要求企业及厂商对该业务采用最高决策人直接参与，企业核心人员负责制。鸿蒙产品品牌经理直接对公司最高层负责，其下设各个具体横向、纵向职能部门推进各项业务，具体包括产品策划设计、品牌营销、技术开发、渠道开发维护、数据运营、售后服务等部门和人员。

鸿蒙产品品牌经理的人选偏向于企业中的综合型人才，只有对企业及厂商的用户、市场需求、渠道、营销、技术、运营、服务都熟悉并有实践基础，才能充分调用各项资源、落实各项决策。

3.4.5 数据中心与实现途径

从鸿蒙硬件设备产品全面连接入网、全面智能化形成统一的超级终端服务用户的发展战略来讲，各个鸿蒙硬件设备合作产品方都会有自己产品品牌的数据中心，所有的用户、用户行为、用户需求都将通过网络统一汇总到品牌厂商手中。以往的品牌厂商要么没有数据，要么数据在第三方平台。如果和鸿蒙官方合作，品牌厂商就可以构建和运营自己的数据中心，并通过数据驱动，持续赋能后续的发展升级。当然，数据的安全、隐私保护等各方面的问题是鸿蒙操作系统主体有的解决方案。

合作的企业与厂商基于鸿蒙智能物联的独立的产品品牌数据中心的构建，肯定会综合运用云计算、边缘计算、大数据、人工智能等新一代的全新技术塑造基于未来的全新的产品、品牌、公司体系。

3.4.6 定位、个性与识别

在产品品牌营销发展历史上，定位理论非常经典。消费者的心灵才是营销与企业产品品牌的终极战场。《新定位》一书列出了消费者的五大思考模式：一是只能接收有限的内容；二是喜欢简单；三是缺乏安全感；四是对品牌比较稳定；五是其想法容易发散。

所有基于鸿蒙的智能硬件设备都属于新生事物，我们在产品设计创新与营销宣传的定位中需要掌握好这些法则，消费者接收信息的容量是有限的，广告宣传简单就好，定位一旦形成，就很难在短时间内消除，抢占先机很重要，盲目的品牌延伸会摧毁产品在消费者心目中的既有定位。所以，鸿蒙产品品牌发展战略无论是产品定位还是广告定位，都要慎之又慎。

在广告泛滥、信息爆炸的现代社会，消费者必然要用尽力筛选掉没用的信息。所以，鸿蒙智能硬件设备的负责人及营销团队等要善于找出产品、品牌所拥有的令人信服的某种重要属性和利益，通过一定的策略和方法，让自己的产品、品牌给人们留下深刻的印象。

定位的具体方法一般有六种。一是强化自己已有的定位，从基于鸿蒙操作系统全面智能联网的角度升级，通过技术创新服务好用户，领导行业发展趋势。二是比附定位，使自己的产品、品牌与竞争对手发生关联，并通过加入鸿蒙操作系统生态这一优势，确立与竞争对手的定位相反的或者可比的定位概念。三是单一位置策略，处于领导地位，在合作方面，通过另外的新品牌来压制竞争者。四是寻找空隙策略，基于鸿蒙操作系统各个细分领域的产品设备，很多暂时处于空隙时期。另外两种定位方法分别是类别定位和再定位，再定位就是重新定位；笔者认为，这两种定位方法是基于鸿蒙操作系统的新智能硬件产品在产品策划设计、营销过程中需要非常重视和使用到的，即通过定义新的物联智能产品类别和确认新一代全面升级的产品方式，来推动鸿蒙智能设备的各项营销工作。

每个新生的鸿蒙智能硬件设备，都应该有自己个性品牌的提炼与建设，在与消费者沟通中，个性是最高的层面。“蕴蓄于中，形诸于外”是个性的内涵的最佳表述，就像华为的成功一样，华为的成功包含着华为创始人及团队的思想、理念、使命、愿景、发展战略、决心、华为基本法等，也包括华为的全员持股及各项组织制度，华为的具体业务比如运营商业务、企业业务、消费者手机业务的各种成功宣传等，这是一个整体的个性表现。

鸿蒙硬件设备合作伙伴，需要从 CIS 企业识别系统的整体角度去运营，才能确保成功，其中包括 MI 理念识别、BI 行为识别、VI 视觉识别、听觉识别、触觉识别、企业环境识别等。MI 理念识别思想层面的内容，比如企业及厂商的鸿蒙发展战略相关事项，其依据为企业定位与企业个性。BI 行为识别主要是制度、组织、管理等内容；当企业选择和鸿蒙官方共同发展、将鸿蒙官方作为生态合作伙伴时，各项制度等都是需要调整和重新界定的。VI 视觉识别包括以标志、标准字、标准色、可识别的声音、音乐等为核心，展开的完整的视觉表达系统和听觉表达系统，比如华为手机主题曲《我的梦》就是从视觉、听觉方面对理念的表达。

基于鸿蒙操作系统的智能物联化转型，虽然需要很大的机遇，但是更需要科学的规划和系统的准备推进，才能获得成功，决胜新的时代。

3.4.7 整合传播

品牌整合营销传播理论有具体的实践步骤，具体包括建立用户资料库、分析用户、在各个接触点全面影响用户、沟通策略、营销工具不断创新、传播手段的组合等。鸿蒙操作系统智能硬件新产品，对传统的整合传播的各个环节都有颠覆与创新。

万物互联智能世界中的硬件设备在我们刚才分析的几个步骤中，对于传统的产品来讲，都有着不可比拟的优势。每个产品通过网络连接自然地和消费者建立了联系，通过将产品智能化和其他设备形成超级终端，特别是和手机的互动，让厂家全面收集到消费者的各项数据资料及使用习惯；消费者通过设备和应用直接与厂家互动、沟通，不需要其他传统的各项中间环节；厂家可以通过软件的不断升级去提升用户的产品使用体验，并根据用户的使用习惯进行关联产品服务的持续营销，使用户对产品设备的依赖性明显增强；万物互联与智慧化为个性化、精准化的大数据整合营销传播创造了有利的条件。

所以，基于鸿蒙操作系统的硬件设备企业、厂商可以将整合营销理论的实践成效发挥到极致。

3.4.8 产品品牌管理

依据鸿蒙操作系统基于未来、基于全场景的万物互联的具体实践与发展规划，鸿蒙操作系统及智能设备、应用服务等各个角色形成了一个大的生态，也是一个大的社区。这个大的生态与社区区别于传统的线下体系和PC互联网体系、移动互联网体系，因为它的连接更多、更广、更快、更强，它基于智能化在数据资产积累和大数据应用上更加懂用户的需求，并能更好地为用户服务。所以，它的价值会更高，形成的资产会更多，当然，它更需要实时的各项监测与管理。人类知识汇总的生态管理、社区管理、价值管理、资产管理与品牌监测等理论与实践，都能在鸿蒙操作系统生态中得到极致的发挥与应用。

基于鸿蒙操作系统的硬件设备厂商，既属于鸿蒙大生态，同时又是一个相对独立的体系。因为基于鸿蒙操作系统的品牌厂商，会有自己独立的用户、设备、应用，也需要持续的迭代升级，所以他们是基于鸿蒙整体大生态中的独立的品牌私域生态。

与鸿蒙操作系统合作的硬件设备厂商，要从自己的生态角度思考，包括鸿蒙操作系统新的发展战略与实践对股东、投资伙伴等，对公司内部的员工、附属机构、控股公司等，对分销渠道、消费者等，对策略伙伴、政府管理部门等的综合影响。同时需要以社区管理的方式，形成消费者与品牌，消费者与消费者，以及前面描述的生态相关的产品、品牌、利益相关者之间不同的社区互动沟通合作模式。硬件设备厂商要从各个维度维护和发掘品牌的价值，比如市场维度、消费者维度、企业维度、外部环境维度等；对新形成的企业资产，包括硬件、软件与数据资产，从品牌知名度、认知度、联想度、忠诚度等方面去提升。在万物互联的智能世界中，智能硬件设备时刻对产品、品牌的各项运行进行监测，将会成为现实。

构建一个产品和运行一个生态，既有巨大的机遇与价值，又面临着很多挑战。基于鸿蒙操作系统智能硬件设备的成功发展，需要发展各种智慧的综合应用，这样才能确保我们处于行业或领域的浪潮之巅。

3.5 参考方案与案例

3.5.1 案例综述

前面对鸿蒙操作系统智能硬件设备进行了多方面的阐述，接下来就让我们一起看看具体的实践案例吧。由于本书的创作时间是鸿蒙生态发展的早期，所以暂时市场上公开的各种智能硬件设备还不太多，笔者属于鸿蒙先行者，也在积极参与到智能硬件设备领域的发展中。笔者选取了三个典型的案例和大家分享，在鸿蒙生态这片沃土上，各种可能性和想象空间正等着我们去实践。

第一个案例是笔者及笔者公司团队参与鸿蒙官方论坛和江苏润和软件股份有限公司举办的基于发售的开发板的一个智能硬件设备技术开发比赛，我们对整个产品的设想进行了实践，并获得了活动的优秀奖。

第二个案例是基于鸿蒙操作系统的美的智能烤箱，鸿蒙官方及美的官方都在公开宣传，属于非常经典的案例。

第三个案例是基于鸿蒙操作系统的华为智慧屏产品，华为1+8+N 战略中的拳头产品之一，是鸿蒙各项技术创新与商业创新的综合体现、汇总和发挥。

3.5.2 鸿蒙智能灯

本案例是笔者和蛟龙腾飞团队参加鸿蒙官方与江苏润和软件股份有限公司联合举办的开发比赛活动案例，下面为大家分享整体思路和具体流程。

第一部分　创意

主要基于 HiSpark Wi-Fi 智能家居套件中 Hi3861 芯片、通用底板、炫彩灯板、环境监测板等在鸿蒙操作系统的 HUAWEI DevEco Device Tool 中测试开发，得出的心得体验。结合一个实际的智能物联家居产品场景，从创意、场景、底层功能初步尝试、整体效果样式设计、后续完善思路等进行整套鸿蒙产品服务解决方案初试。

将传统开关的台灯、单片机感应台灯、手电筒或者小夜灯等，和人体感应、温度、湿度、可燃气体监测融合，形成全新的感应、温湿度监测、可燃气体预警联网的智能型灯产品系列。

第二部分　产品外观概念设计（如图 3-7 所示）

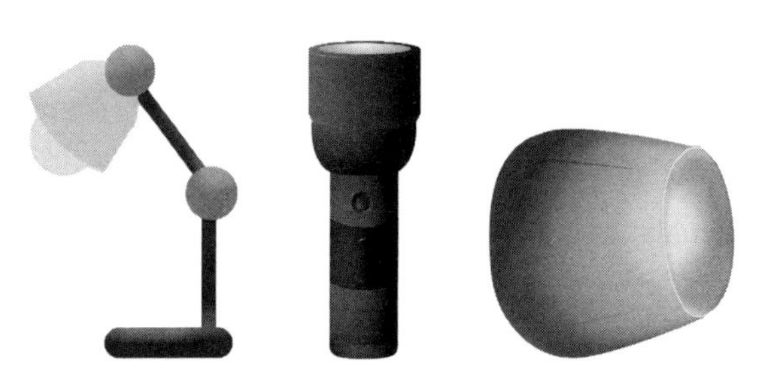

图 3-7　基于鸿蒙操作系统的物联智能灯设计

第三部分 应用场景

安全智能灯放置在客厅或者洗手间门口等，当人晚上起床时，灯会自动感应人体，灯光会从暗到亮，考虑到了人的暗适应过程；当人体远离后，灯自动关闭，摆脱各种开关灯的烦恼。

安全智能灯会监测环境中的温度、湿度、可燃气体的情况，设置高低阈值，在超过阈值时，灯会报警并触发手机里的应用提示等。

搭载鸿蒙操作系统的手机、手表、穿戴设备及其中的应用服务，通过多种方式可以近距离及远程控制灯的开关，获取室内的环境监测情况。比如在晚上回家开门时，通过手机或者穿戴设备将室内灯打开。

在一些特殊的环境中，比如矿井、洞内探索、野外夜晚探险等，在实现照亮的同时，现场和远程都可以监测危险情况。

这完全改变了传统灯的概念与使用方式，在不改变原有灯体系的基础上，家庭室内可以先独立配置一个物联智能灯，体验与感受物联智能灯的便捷、智能、安全保护等。物联智能灯先锋产品，从单品体验，带动全屋的灯及全系列灯具物联智能改造升级。

第四部分 产品配置

芯片开发板及主要功能模块，HiSpark Wi-Fi 智能家居套件、通用底板、炫彩灯板、环境监测板。

操作系统：HarmonyOS。

模组、其他配件与外设等暂时只是一种创意设想，具体参见达成效果图所需要的相关配件。

第五部分　技术实现

HiSpark Wi-Fi 智能家居套件功能使用效果展现与 HUAWEI DevEco Device Tool 中代码实现。

暂时只是通过 HiSpark Wi-Fi 智能家居套件、通用底板、炫彩灯板、环境监测板简单实现自动感应人体，灯光从暗到亮；当人体远离灯以后，灯自动关闭；灯会通过监测环境的温度、湿度、可燃气体情况来呈现整体产品概念，受制于各项条件、各项细节要求等，暂时还满足不了真实产品的实际需求。

本次开发主要实现感应人体灯亮，灯光从暗到亮，温湿度监测，可燃气体监测。

第六部分　关于产品完善

后续可以考虑将 Hi3861 芯片、鸿蒙操作系统软总线技术、基于鸿蒙操作系统的应用服务、更多可融合功能等进行植入，以灯为载体，打造一个全新的鸿蒙智能灯系列产品。

第七部分　荣誉证书展示（如图 3-8 所示）

荣誉证书

—CERTIFICATE OF ACHIEVEMENT—

（证书编号：F0755010）

优秀参赛奖

尊敬的开发者李洋：

感谢您在华为开发者联盟及润和软件股份有限公司联合举办的“HarmonyOS & 润和 HiSpark 实战开发，‘码’上评选”网络征文活动中的积极参与和优异表现，获得优秀参赛奖，并被授予华为开发者联盟官方论坛认证牛人身份。

特颁发此证书，以资鼓励！

华为开发者联盟&润和软件股份有限公司

2020年12月

图 3-8 荣誉证书

3.5.3 鸿蒙智能烤箱

现在市场上绝大部分的微波炉和烤箱主要以手工操作为主，

将需要加热的或者需要蒸烤的食材放进去，一般是凭经验来设置时间的；就算有功能型菜单设置，也是非常有限的，要通过按几个按钮进行设置，操作起来比较麻烦。

我们来看看将微波炉、蒸烤机和鸿蒙操作系统融合的智能烤箱吧。

在智能技术方面，美的这款智能烤箱植入了海思芯片，增加了鸿蒙操作系统联网，使用 NFC 技术进行配网。下面具体来看看它的智能联网和鸿蒙操作系统特性。

使用鸿蒙操作系统的手机，开启 NFC 功能，将手机贴近美的智能烤箱，手机和它就实现了连接，告别输入密码等烦琐操作，快速配网，智能便捷。

在具体功能使用方面，因为基于鸿蒙操作系统，智能烤箱的方便性得到了很大提升。在配网成功后，手机将自动跳转到鸿蒙操作系统内置的轻量化应用页面，用户可以在页面中获取跟产品搭配的定制食谱，根据食谱准备好食材，即可一键启动机器，实现自动烹饪；当烹饪完成时智能烤箱会自动停止，随身的手机也能收到提示。

智能烤箱通过和手机 App 配合，在手机上实现一键购买、二维码识别推荐食材、拍照分享、美食地图查询等功能；还可以进行语音沟通，通过语音手把手教你做饭，视频直接分享所有过程；除了和手机相互连接，还可以和电视等相互连接，直播美食制作过程等。

总体来讲，从食材预定、购买、制作美食到分享娱乐，跟美食和烹饪相关的所有，一部手机和一台美的智能烤箱全搞定。

由于笔者创作本书期间，鸿蒙操作系统的发展还处于早期，所以，上述描述中的产品基于鸿蒙操作系统暂时只实现了部分功能，比如智能配网、轻应用直接控制、定制食谱等，其他一些功能还不是基于鸿蒙操作系统形成的闭环来完成的。由于2020年11月期间基于鸿蒙操作系统的手机还没有出来，所以，该产品只支持华为的有限机型实现鸿蒙操作系统的一些特性，同时还兼容iOS、安卓等系统。不过笔者坚信，后续一定会基于鸿蒙操作系统从食材、食谱、智能烹饪、娱乐分享、健康营养。社交互助等形成完整的用户智能全场景联网舒适体验。

资料来源：本案例参考了美的官方商城部分智能烤箱一体机的材料和华为鸿蒙公开宣讲的部分材料。

3.5.4 华为智慧屏 S Pro

笔者认为华为智慧屏 S Pro 这款产品，应该是华为给基于鸿蒙操作系统的智能物联产品打了个样板。我们先分析基于鸿蒙操作系统的特性。笔者将这款产品基于鸿蒙操作系统的特性或者直接相关联的特性先进行汇总阐述。

智慧屏 S Pro 基于鸿蒙操作系统 2.0 版，通过鸿蒙操作系统及软件应用的不断升级，通过软件控制和升级硬件，让用户在使用华为智慧屏时可以有不断更新的感觉。

鸿蒙操作系统全新升级带来直接的和相关的智慧体验包括很多方面，我们来逐一分析。

分布式跨屏多设备间优质体验。手机充当智慧屏的触控板，智慧屏也能成为手机的显示屏。通过服务流转，我们可以将手机上的畅连通话轻松转移到智慧屏上。在用手机投屏时接收到的私人消息不会在智慧屏上提示。

分布式游戏，手机变手柄。在大屏上玩游戏时，用户可以用手机充当手柄。手机与智慧屏互动，用户在小屏上操作，大屏迅速配合。用手机碰一下遥控器就能快速投屏，投屏时也能享受1080P高清画质、60帧高帧率、时延低至100ms的极致观影体验。

全程可以声控，通过可视可说功能，用语音触达界面上的内容，告别手动操作的烦琐。在吃午餐时想看电影，说一声，智慧屏就开始播放我们想要看的电影了。

智能家居联动，成为家庭大管家，智慧屏支持5米远场语音控制HiLink智能家居设备，可与100+品类、2500+单品互联，让我们随时掌控全屋家居状态。同时支持远程看家功能，让远程老人关怀、小孩互动、宠物监控等更加友好和自然。

当然，华为智慧屏S Pro除了基于鸿蒙操作系统的各项软件应用升级特征，还有基于鸿蒙操作系统的智能硬件功能的提升、芯片和纯硬件方面的优势。所以，我们说这款产品是给所有基于鸿蒙的8+N产品打了个样。具体包括在智慧音响、设计、海量优质音视频内容等方面的领先与创新。

笔者认为，基于以上总体分析，华为智慧屏S Pro全面体现了鸿蒙操作系统基于未来、基于全场景、基于分布式的全新的智能设备产品的各项特征，是后续鸿蒙智能设备可以参照的经典教案产品。

资料来源：本案例主要参考华为官方商城华为智慧屏 S Pro 介绍。

通过这章的了解，读者对未来的智能设备及其带来的一些改变会有全新的认识，后面我们在鸿蒙场景、社会影响部分还会深度讨论这些问题。接下来进入鸿蒙应用服务创新这一章。

第 4 章 鸿蒙应用服务创新

4.1 软件新变革

4.1.1 应用软件简析

应用软件从基于操作系统的办公软件，发展到随着互联网的连接和浏览器的发展，大量 Web 网站诞生并发展，再到后来手机、平板电脑等多设备上网，H5 快应用等类似响应式布局与自适应各个屏幕的网站技术迅速普及；当然，无论是移动互联网时代的原生应用还是客户端软件，都包括安卓的 APK 和苹果的 App。另外，随着超级应用的出现，将超级应用类比为一个操作系统，在此基础上诞生的类似小程序这样的应用软件发展得很快；还有就是科幻片中应用到的虚拟现实技术，虚拟现实技术将真实世界和虚拟世界完全融合为一个整体，这样的应用软件发展思路也在不断实践与呈现。应用软件的发展历程和简要对比如图 4-1 所示。

第 4 章
鸿蒙应用服务创新

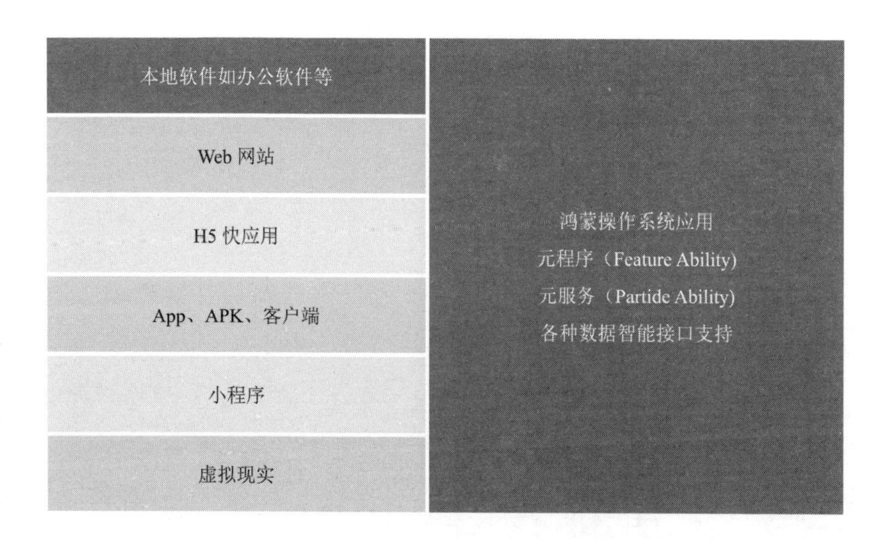

图 4-1　应用软件的发展历程和简要对比

鸿蒙操作系统的发展基于未来、全场景、分布式的全新理念，那么基于鸿蒙操作系统的应用软件是不是既会拥有已有应用软件的优点，同时又代表着虚拟现实技术未来的发展方向呢？答案是肯定的。构成鸿蒙操作系统应用的主要部分是元程序、元服务及各种数据智能接口支持。元程序与元服务的功能分工也不一样，我们后面会详细阐述，我们先从另一个角度分析一下应用软件的相关情况。

第 2 章分析过操作系统及软件的发展情况，本章重点阐述基于鸿蒙操作系统应用软件服务部分的相关事项。

从应用软件发展的历程来看，PC 互联网时代和移动互联网时代的各种应用软件的表现形式、功能特征、具体服务方式与内容等都不一样。所以，我们可以预测基于鸿蒙操作系统的新应用体系会有更多、更大的创新与不同。

4.1.2 鸿蒙新交互与新服务

1. 基础技术构成

鸿蒙操作系统并不是大型主机、PC 互联网时代、移动互联网时代操作系统的简单继承、复制与剪裁，所以，基于鸿蒙操作系统的应用服务体系，和以往的各种软件、网站、客户端、App 等都不一样，是一种新的应用服务业态。

基于鸿蒙操作系统的新交互、新服务的具体互动表现形式，即应用基础单元，也就是元程序与元服务，这两者所具备的各项能力的抽象表述就是 Ability。这种能力是鸿蒙操作系统应用服务程序的必要组成部分，鸿蒙操作系统应用服务程序可以包含多个这种能力，并支持以这种能力为单位进行部署。

Ability 分为两种类型，这为开发者提供了不同的模板，实现了不同的具体功能。具体功能包括与用户交互、后台运行任务、对外部提供统一的数据访问抽象能力等。

从某种角度来讲，鸿蒙应用软件服务其实就是各种 Ability 的开发与实现。

2. 主要特征

由元程序、元服务构成的基于鸿蒙操作系统的应用服务，在安装、跨设备运行、用户交互等方面不断变革。其主要特征包括触手可及、直达需求的服务和便捷的跨设备使用。

触手可及主要表现在用户接触点的多样化。相对于传统的浏览器、客户端及计算机、手机本地进入的模式，鸿蒙操作系统应用服务包括桌面唤起、碰一碰、扫一扫、场景智能化推荐等，全场景、多设备、随时随地的多种触发形式。

直达需求的服务，告别各种烦琐的注册、认证、登录，告别复杂的功能、各种强制的应用操作流程、各种因素造成的等待时间等；基于鸿蒙操作系统的应用服务无须安装、卸载，自动更新，即用即走，便捷精准，直达所需服务的界面，实现情景感知主动服务。

鸿蒙操作系统应用服务的另一个重要特征是突破单设备使用的各种限制，通过软件定义硬件，让设备之间实现系统级融合。在需要使用多设备的场景下，仍像操作一个手机一样方便。

鸿蒙操作系统应用服务让我们在手机、平板电脑、电视、各种家用电器、车、智能手表及户外的各种公共设备中，获得由元程序和元服务多种组合或分离的适合我们各个场景需要的各种应用服务，并且各设备之间相互协同，让应用的各项内容和功能相互配合，使各设备像一个统一的超级终端一样为我们的生活、工作服务。

3. 挑战与解决方案

当然，在实际操作和执行过程中也会遇到很多挑战。

一是在我们前面分析过的 1+8+N 设备中，超百种不同分辨率、不同形态的折叠屏，比如横屏、竖屏、圆形屏等如何进行统一性的适配。

二是语音、触摸、旋钮等多种设备中的应用，对不同交互输入输出方式的差异化如何进行反馈。

三是各种类型设备的功能不一样，比如内存、主频的差异等，具体体现在产品上，包括智能家居、车机、智慧屏、手机、计算机等产品各项应用功能的实现如何做到统一开发、运行与体验等。

鸿蒙官方定义的基于未来、全场景、分布式的新一代操作系统，其中很多内容是没有参照体系的，需要我们去创新实现。

对应的以上各项挑战，鸿蒙操作系统通过开发框架、关键技术的突破与各项支持配合来解决。鸿蒙操作系统在开发框架上实现了基于抽象的超级终端应用开发体系，下面笔者根据公开的关于鸿蒙操作系统的宣讲材料等对其关键技术进行汇总与分享。

一是分布式应用包结构与众多的公共资源、代码逻辑跨设备，实现一次开发，多设备部署，让代码易复用与维护。通过统一的 App，实现多设备分发与跨设备协同、数据共享。

二是分布式软总线与数据管理，让组网更容易、传输速度极快，让应用数据实现跨硬件、高效、安全的访问与管理。

三是在驱动框架上实现开发、移植、调试更加便捷。在功耗、耗时等性能方面，相比传统的框架有几倍的提升。

四是在开发环境中内植了多种类模板，选择即可使用，实现多设备实时预览，实现API智能推荐，让编写代码更容易。多设备端的模拟仿真，让开发者低门槛获得分布式调测环境，方便了更多的不具备真实设备或者不具备多种智能产品真实体验的开发者。

五是在PC互联网和移动互联网的使用体验过程中，最让人烦恼的事情之一就是各种无法控制的小广告、弹框、强制安装等的干扰。这些干扰不仅分散我们的时间和精力，还影响计算机和手机中网站、软件的速度、效率并使其受网络病毒的袭击等。但是，基于现有的网络生态，却是无法完全避免与独善其身的。鸿蒙操作系统的纯净开发与安全隐私通过全流程保障体系，其中环境、代码、编译、分发等各个环节都严格依照纯净开发的思路与实践，从而让我们免受各种干扰。

经过前面对鸿蒙操作系统应用服务的各项不同优势的描述，你是不是很想马上体验或者作为开发者马上参与进来呢？后面我们会从各个角度进一步分析鸿蒙操作系统应用服务的无限可能性。

4.1.3 应用服务发展新机遇

我们都知道，新的智能世界代表着新规则、新赛道、新切入点、新财富机会，特别是对于传统的Web网站、客户端，以及各Web网站、客户端上的组织、企业、用户等。鸿蒙操作系统既是一次机遇又是一次大的挑战，只有拥抱时代、敢于改变，才会在这轮升级中胜出。比如，PC 互联网时代连接的是计算机，我们访问的是各种 Web 网站；但是到了移动互联网时代，连接的主要是手机，我们访问的是各种客户端；到了鸿蒙操作系统主导的智能物联网时代，应用服务肯定不是传统的网站或者客户端，一定是一种新的表现形式。

所以，各种传统的 Web 网站、客户端等应该尽早进入鸿蒙应用服务体系，享受各项支持政策和红利，从现有的红海 PC 互联网、移动互联网市场进入鸿蒙智能物联网蓝海领域。

4.2 手机开发者测试

4.2.1 上阵手机主战场

关于鸿蒙操作系统的发展，除了支持和理解，社会上还是有很多猜测的。比如，华为体系下的项目很多，现在这个操作系统也只是属于消费者事业部下的一个项目，后续如何发展还不确定，毕竟不是华为每个开发的项目都成功了；另外，大国关系的发展会不会影响鸿蒙操作系统的发展呢？

笔者一直坚信鸿蒙操作系统不仅是华为的战略级项目，也是所有开发者及生态全民参与的项目。HarmonyOS 2.0 手机开发者 Beta 版本的推出和实现，就是一个重要的节点。因为到现在为止，移动应用的主战场还是在手机上，暂时其他智能设备的销售量还没有手机的销售量这么高，也没有手机这么普及。

2020年12月16日，鸿蒙官方在北京发布了第一个面向手机开发者的Beta测试版本，HarmonyOS 2.0手机开发者 Beta版本的推出，给生态相关者们吃了一颗定心丸和一副“推动剂”。因为华为手机之前主要采用的操作系统是安卓系统加EMUI，华为基于安卓开发的操作系统的组合，升级鸿蒙操作系统的手机开发者版本后，鸿蒙操作系统替换安卓系统，变成了鸿蒙操作系统加EMUI的形式。

4.2.2 公测与开发者创新大赛

2020年12月16日，HarmonyOS 2.0手机开发者Beta版本发布，同时开启公测招募活动。鸿蒙官方公示，本版本升级的功能包括支持15 000个以上API，支持手机、平板电脑、大屏、穿戴、车机应用开发与调用，支持分布式应用框架与UI控件等。除了一定数量的真实账号测试，鸿蒙官网还准备了SDK（软件开发工具包）、文档、模拟器等，便于更多开发者参与。

HarmonyOS 2.0手机开发者Beta版本正式用于华为手机会在2021年。在2020年9月的开发者大会上，华为就曾发布了这些规划，如今处于逐渐落实的过程中。按照华为官方公布的资料，HarmonyOS 2.0手机开发者Beta版本正式用于华为手机后，支持原有的90%以上的已经发布的机型替换与升级。

与发布会同期，由华为终端软件部、华为开发者联盟主办的HarmonyOS 开发者创新大赛正式开赛。该大赛更加明确了鸿蒙操作系统的发展方向，在主战场手机版本上线后，华为自有的大量的设备接入，基于鸿蒙操作系统的创新用户优质体验的应用服务，成为首要的环节。

4.2.3 与安卓系统关系释疑

从发布会的内容及后续 Beta 版本公测开发者的反馈来看，更换操作系统后前端的应用形态与使用习惯等基本上没有改变，保持了原有的 UI 界面，同时兼容了安卓的各种应用。可能有很多人就不理解了，觉得换与不换没有什么区别，还有人误解为鸿蒙操作系统就是安卓的一个“翻版”。

笔者认为，以用户为中心，首先要考虑用户的使用习惯。让用户便捷使用更换过操作系统的手机，首要原则就是原有前端体系不做改变，或者不做大改变，在用户可接受的范畴内逐步提升和优化，形成独特的鸿蒙操作系统应用体系。所以，前期的最佳选择是保持原有用户接触的前端各项体验不变，逐步优化现有用户体验不好的地方。

由于前期鸿蒙操作系统的各项应用相比安卓系统，差距是非常大的，为了让用户使用方便，前期必须要兼容安卓系统，在安卓系统的基础上，降低用户的迁移成本，才能更大程度地推广自己的系统。这也是同步举办应用开发者创新大赛的原因，在鸿蒙操作系统的用户体验优于安卓系统的用户体验且基于鸿蒙操作系统的元程序、元服务组合的应用出来时，才能逐步替换安卓的原有应用体系。另外，在代码层面如王成录先生所言，安卓系统的代码绝大部分来自开源社区。鸿蒙前期也吸收社区的优秀技术和代码，用了安卓系统开源项目的一些代码，这并不等于鸿蒙操作系统是安卓系统的复制。在鸿蒙规划的第三阶段开源代码里，来自安卓系统开源项目的内容几乎就没有了。

“欲速则不达”，鸿蒙操作系统的发展也是如此，既是短跑冲刺，又是一场长跑比赛。我们需要抓紧时间，同时更需要继续努力，和参与鸿蒙操作系统发展的所有人并肩作战在一线。

4.3 应用服务创新机会分析

4.3.1 鸿蒙元程序

基于鸿蒙操作系统开发分发的应用服务的形式在本书中我们称为元程序，鸿蒙官方称为 HarmonyOS App。本章将对鸿蒙操作系统元程序的策划、开发、应用进行分析，为想在鸿蒙应用领域发展的读者找到自己的定位做参考与引导。

我们要分析软件应用服务，应该从哪里开始呢？应该以消费者为中心，以网民使用习惯作为出发点和归宿，一切以服务好用户为前提。

据中国互联网络信息中心发布的《第46次中国互联网络发展状况统计报告》统计，从使用人数来看，网络应用排名靠前的依次是即时通信、视频、支付、搜索、购物、新闻、音乐、直播、游戏、文学、外卖、教育、网约车、医疗、理财等。同时，我们也发现应用的简约化、多媒体是一个大趋势。鸿蒙元程序的重要特征之一是轻应用、富媒体形式。

我们看到整体基于传统计算机、手机设备的流量，增速在明显放缓；有些软件应用开始负增长。从整体来讲，PC 互联网、移动互联网单设备或者有限的几个设备通吃联网的时代已经发展到了一个瓶颈期。

随着众多设备，尤其是家居家电、个人消费电子产品、车机等泛物联网设备的智能互联，应用向多硬件体系融合并进行信息交互体验，更多基于全场景的应用服务开始呈现。

基于以上分析，以鸿蒙操作系统为基础，在构建了新一代的全场景的软硬件一体化的超级终端生态体系里，历史上的各种软件、应用服务都有重构与升级的可能性。

各种类型的软件、Web 网站、客户端等都需要有鸿蒙元程序版本，或者有新的应用服务在这些领域崛起，因为全场景的物联智能时代一定不是以前的简单重复。鸿蒙操作系统的元程序，将以最小化单位功能轻应用、可组合可分离、按需和按设备特征使用的形式，在全场景的物联智能时代全面崛起。

我们将依着 PC 互联网、移动互联网的发展历史，在用户使用最多的软件应用领域，用基于未来的、全场景的思想与实践逐个分析软件应用在鸿蒙操作系统元程序中的各种可能性。当然这种讨论也是抛砖引玉，其中的各种创新，笔者及本书根本不足以全部描述。

接下来，我们将依据用户使用应用软件的频率、鸿蒙操作系统的独有特征、笔者的综合认知，分析基于鸿蒙操作系统的各项软件、应用服务的创新发展历史及机会。

4.3.2 设备服务

笔者认为鸿蒙操作系统应用服务的首要特征就是基于各种智能设备的连接、操作、管理应用服务元程序。本类型元程序通过鸿蒙官方严格规范化管理，除了涉及用户体验，还涉及设备的安全使用管理等，所以非常有特色，也非常重要。通过本类型元程序，用户可通过手机便捷地使用鸿蒙操作系统物联网设备，完成设备控制和连接等操作。

按鸿蒙官方公布的标准，现具体表现为卡片、控制面板、全屏页面的形式，这三种形式所承载的信息与内容是逐步增加的。

卡片形式属于简单功能、轻界面，适合于“用完即走”场景。根据功能可分为启动、登录、输入、选择四种类型。卡片内容包括可选项如设备图片、功能区，必选项如标题区、按钮区。可选项其实就是基于基本规则下的开发者的创新空间。

控制面板中占有屏幕三分之二高度的快捷功能使用界面，适合单一类别较为复杂的场景，比如大部分的设备控制的场景等。

全屏页面承载的内容更加多样化，时间较长或功能复杂的使用场景比较适用，比如设备相关服务扩展功能等。

具体的功能入口从某种意义上来讲，也是流量入口，有 PC

互联网、移动互联网经验的人知道流量入口的价值是巨大的，谁掌握了流量入口，谁就获得了重要的入场券。用户可以通过碰一碰、App、桌面、多设备控制中心、负一屏等使用所需的应用服务。对于设备服务元程序来说，更多的全场景入口还将持续增加，提升服务的触达率。

基于鸿蒙操作系统的设备服务交互流程分为连接与控制。连接包括首次场景和二次场景。在首次接入网络时要完成授权、注册、登录、绑定和配网，才能控制设备，在二次连接时仅需要完成授权和配网就可以了。为了便于产品的销售，连接特意设置了“卖场模式”，该模式下无须连接流程，可直接控制设备。

通过以上分析，我们可以理解设备控制类别应用是一个完整的体系，是由和设备的交互控制、基于手机等的多维的流量入口与接触、直接服务于设备的轻应用、云端与客户端融合在一起基于用户最佳体验的软硬件的各项组合而成。

控制设备的应用服务及元程序，是鸿蒙操作系统的最主要特征之一，也是最多的流量入口与流量来源配置。通过控制设备的应用服务及元程序，可对硬件设备厂商商业模式重新塑造并进行产业的全面升级。所以，抢先占据位置，或者得到整个生态前期的推广红利支持，是此类应用厂商需要具有的重要意识。

同时，笔者也在思考，控制应用除了单设备包括具体品牌的连接，是否还需要有些备选方案。比如一个通用的控制，至少是品牌、品类通用的应用服务，当单个品牌的应用服务因为各种问题不能识别或者不能服务时，会有这个通用控制的元程序发挥以上各项功能等。这个体验创新刚刚开始，肯定还有很多的优化空间。

4.3.3 官方元程序

从网络诞生开始，企业、各种组织团体、家庭、个人等的网站和应用软件就一直存在。

在 PC 互联网时代、移动互联网时代的各个应用平台，比如基于百度入口的独立网站、各种类型的官方微博、各政府部门的微信公众号、抖音号、小程序等，无论是政府、企业、个人还是各个主流网络平台，官方平台都是标配。只是技术发展太快，很多官方网络账号还没有形成资产，或者资产没有现实价值，平台就已经不能持续发展了。所以，笔者认为鸿蒙操作系统的“官方元程序”体系是需要重视的。

当然，在万物互联智能时代，官方元程序不能只是简单的页面组合和展示，还是政府各个部门、企业单位、各种组织、家庭、个人的数据中心与网络运营中心，以及内容创作分发中心，实现网上所需要的形象展示、互动沟通、在线交易、线上线下融合、无限传播、内部管理沟通等各项功能，形成各个官方的大数据、数据资产、智慧运营甚至是作为数据遗产来继承。

所以，官方元程序将是多个 Ability 的组合，可以根据官方在不同的设备和不同的场景下，自动调用适配的 Ability 或者通过 Ability 的组合来实现最佳的操作与体验。

在遵循纯净开发发布的原则下，让社会的各个角色在鸿蒙操作系统的土壤上都有自己的一席之地，这样的生态才会繁荣兴盛。

4.3.4 通信与社交

网络与智能时代通信的重要性，就像人类进化过程中的结绳记事、语言沟通一样，是人类发展进步的里程碑和决定性因素之一；而万物互联智能世界的连接和通信，是最基础和最重要的环节。

鸿蒙操作系统起始于华为，华为在通信基础设施领域的实力是国内企业暂时无法企及的。在 5G 等领域，华为在全世界范围内处于领先地位。所以，基于鸿蒙操作系统的即时通信的各项尝试是最令人兴奋的事情之一。

中国绝大部分人都体验到了 PC 互联网时代的 QQ、移动互联网时代的微信、智能算法时代的视频直播社交等，由于技术的进步，即时通信的底层逻辑、表现形式一直都在改变。

华为的畅连，正在进行硬件设备和软件配合、华为账号一体化管理的社交即时通信尝试。我们可以使用华为手机、平板电脑、智慧屏等设备进行高清视频或者语音通话。当然，华为畅连还有很多其他的特殊操作与功能，比如美颜、发信息等，这些操作与功能还在不断发展中。

即时通信和社交应用是相辅相成的，往往一起发展，深度捆绑。笔者相信，基于全场景的万物互联智能世界中的即时通信与社交应用服务一定会超乎我们现在的想象与预期。其基本原则和方向就是人与人的沟通更加自然化，更加趋向于现实社会的沟通场景；人与物的沟通更加智能化，更加拟人化，甚至会出现人与植物、动物、环境等非智能硬件产品的即时沟通工具等。新规则代表着新可能，并不一定是本领域原有的强者的延续，也许有新的公司和新的创意出现，大家都可以发挥想象力和创造力，勇争这流量世界的“头把交椅”。

4.3.5 视频与直播

随着底层技术的发展与宽带用户的不断增加，网络视频的发展越来越迅猛。一切基于人的天性、人的眼睛和耳朵的配合对环境的了解和沟通应该是最自然的组合方式。

网络视频的崛起，对传统的电视台体系形成了很大的冲击，当然，现在的电视节目和网络已经融为一体了，成了内容原创的中心。

我们看到，在鸿蒙操作系统公开的发布会上，优酷已经在宣讲基于鸿蒙操作系统底层的响应式能力进行响应式容器与页面布局、数据处理与策略定制，以及通过一套代码进车载、平板电脑、折叠屏幕优酷首页的综合技术支持与运营，从而实现跨屏续播、智能推荐投屏等尝试。但是基于鸿蒙操作系统及正在发展的5G、大数据、人工智能、云计算、虚拟现实等技术的突破，视频的创新远远不止这些。

和网络视频紧密相融的是直播。2020 年中国的网络视频直播发展异常繁荣，从农户、果园园主直播卖货，到老奶奶、小孩儿直播才艺表演，很多平台都有了直播功能；直播已经成为人们生活和工作中的标准配置与流行时尚。

笔者在视频直播运营实践中，明显感觉到以往电视台或者大平台才有的技术体系和资质应用能力，几乎给到了每个人，让每个人都可以成为导演，拥有自己的电视台，充分发挥自己的创造力与才华。每个公司、组织等都可以通过直播的方式，直接和相关联的用户、拍档互动沟通并进行商务交易。这就是科技普惠的力量。

当然，我们看到鸿蒙操作系统关于直播尝试的公开内容里有演示案例。比如通过手机、手表、运动相机的协作配合，应用手机 5G 通信能力，通过基于头盔的运动相机提供第一视角的实时运动画面，通过手表提供实时运动数据监测与运动提示指导，形成超级直播终端。同时，基于鸿蒙操作系统的智能设备，支持设备之间功能、内容的无缝流转，比如直播购物、直播迁移大屏，边看直播边通过手机购物等。

笔者认为，各设备间实现可视可交流，会诞生很多以前没有的内容，或者以前大众看不到的内容，会给我们焕然一新的视觉、听觉和认知体验。也许后续视频社交是社交、即时通信、视频、直播的融合；也许视频会成为一种基础能力，是万物互联智能世界中各项应用的标准配置；也许视频和虚拟现实技术深度融合，可以实现人类虚拟世界的完整生活、工作、梦想等。

基于鸿蒙操作系统，视频直播领域的创新与应用代表着未来的发展趋势，大有可为。

4.3.6 支付与搜索

网络支付的发展，从 PayPal 开始到微信支付与支付宝基本上覆盖了中国的各个角落，并不断向世界发展。无论是在农村的集市上或者小便利店里，还是在城市的菜市场、宾馆、酒店，到处都挂着可以收款的二维码。网络支付的推广，几乎让很多人已经很少使用现金甚至不使用现金。后续也有人脸支付、指纹支付、NFC 近场支付等创新与尝试。

那么基于鸿蒙操作系统的支付应用服务会是什么样的呢？

我们看到，鸿蒙操作系统的公开发布会上已经发布了感知支付，感知支付与鸿蒙操作系统底层能力融合，优化现有支付体验，并进行基于鸿蒙操作系统的下一代支付受理终端架构、安全、可扩展问题的研究与实践。其中包括更低功耗的实现、扫码综合成功率的提升、二维码支付操作步骤的简化、泛支付场景的快速智能识别与安全性的保障等。

鸿蒙操作系统提供了底层的支付技术，基于此的适合全场景各种设备的泛终端统一支付、统一体验的应用服务创新，多端安全协同，实现无感安全认证，多因子更高安全系数保障，让无屏设备具备安全性、便捷支付的能力，从而实现统一多种终端的支付体验。

当然，华为也在发展钱包、支付这些方面，包括和国家数字货币的合作等。鸿蒙操作系统是一个公平公正的平台，笔者坚信在未来的支付发展中，基于鸿蒙操作系统的华为底层技术的封装赋能，在遵循国家各项法规政策的前提下，除了对原有支付体系的优化提升，肯定还有各种更加适合用户的应用服务支付创新出现。比如全场景智能互联后，人体各个可识别部分都可以通过各场景中的智联设备实现实时安全支付，并对人的信用进行高效终身全程、全终端管理等。至于如何去构建这个体系，需要我们大家一起努力尝试。

在 PC 互联网时代，当人们进入网络寻找自己想要的内容时，依靠的是字、词。通过搜索框，让人准确或者模糊输入想要的字、词，计算机就会智能推荐很多你可能想要的内容。

移动互联网时代的搜索方式变化很大，传统的搜索方式从应用排名上在下降，搜索的入口方式更加多元化、碎片化。语音、照片等搜索方式开始广泛地使用。

基于鸿蒙操作系统的万物互联智能世界中的搜索将会是什么样的应用服务呢？笔者认为搜索会更加凸显多设备协同，比如语音、照片、视频搜索；搜索结果的呈现也更加多元化，搜索结果根据不同的场景、设备等出现不同的内容形态。

搜索可能会向无所不知的 AI 机器人方向发展，甚至是搜索的结果选中后直接会进行设备场景任务的执行操作。搜索结果和搜索库会根据用户的各种反馈自动优化调整并不断积累，搜索结果与用户所需结果的获得会更加匹配，同时搜索会变得更加容易，让更多的人包括小孩儿、老人等也能享受搜索给学习、生活、工作带来的便利；在基于鸿蒙操作系统强大的底层搜索能里封装赋能，各种垂直行业、小区域综合信息、深度知识能力等搜索引擎将涌现。

4.3.7 购物与新闻

网络购物与电子商务对终端消费者、商业、商业体之间的改变与影响是巨大的。网络购物是一个全球比价平台，可以让普通的用户通过网络快速实现成百上千种商品的比价选择；电子商务形成了巨大的规模效应，对传统零售与批发渠道形成了很大的冲击；由电子商务形成的大数据对用户的商品推荐与提供各项增值服务等也在快速发展，同时对生产、销售、服务、物流、仓储等也在不断重新定义和调整优化。

中国网络购物与电子商务的整体创新已经发展到了成熟阶段，以至于2020年出现了电商拼抢社区团购赛道、抢占买菜卖菜的业务与流量入口而受到官方媒体点名的事件。

新的关于网购、电商的思维与实践，需要我们去发掘与创造。

在鸿蒙操作系统的公开发布会上，有畅连联通远处或者附近的好友凑优惠拼单、多人拼单、分摊运费的演示宣讲。通过跨端直播，释放手机畅享休闲与购物，用户可以大屏幕观看主播讲解，商品上新通过手机提醒，大屏扫码可以进入商品详情页等。各种购物细节正在不断优化升级。

更重要的是，以后的智能硬件设备成为电商的流量入口与电商交易的管家。比如，通过基于鸿蒙操作系统的电饭煲对主食的安排与食材购买排期管理，炒菜锅和烤箱等的配合对菜谱、食材进行推荐，手机与硬件设备碰一碰信息同步到商家，30 分钟送到家。包括通过智能药箱、智能酒柜、智能美容、智能仓库等对药品、酒类、美容护肤品、原材料采购等的流通方式进行了彻底改变。

所以，基于鸿蒙操作系统的网络购物、电商创新，也是值得我们去努力实践的。

人们对最新或者最热的各种事物，总是保持着好奇心。网络新闻的发展超过了传统纸媒体的发展，传统的广播新闻、电视新闻也在和网络融合。从雅虎、搜狐、新浪等移动互联网时代的弹出新闻，到今日头条、抖音直播跨界抢夺网络新闻资源，代表了网络新闻的发展路径。

技术进步升级，导致新闻获取方式的变革是不可阻挡的。笔者认为基于全场景的多设备智能互联后，对新闻资讯传播的广度、深度都会增强，传播的方式也会更快，因为各种智能设备在合法合规采集的情况下都会成为新闻源。

整个世界可能会成为一个透明的世界，通过规则的制定、大数据的筛选，以及人工智能整理、分布式的推荐，可以实时收集、整理、分发很多以前无法想象的新闻与资讯。

所以，笔者认为在新闻资讯领域的基于鸿蒙操作系统应用软件的创新，将会是最先导的商业模式之一。

4.3.8 音乐与游戏

相比于前述几种应用的快速变化和发展，笔者觉得网络音乐变化相对缓慢。

从苹果的 iTunes Store 打败传统的音乐经营模式到国内的酷狗音乐、QQ 音乐、华为音乐等，其整体结构、内容传递方式基本上都比较稳定，典型的歌曲“排行榜”，歌曲“分类”，“顺序”“循环”“随机播放”模式等。

音乐相关的 App 的很多功能和算法尝试对用户来讲是非常友好的，比如酷狗音乐的“猜你喜欢”“每日推荐”“听书”等在往个性化所需方向发展且表现得非常好，比如 QQ 音乐的“好友在听”等社交拓展功能给人很多新意。还有类似喜马拉雅这样的以听觉为切入点的高速成长的客户端也注重发展听觉、语音互动交互这种与生俱来的沟通模式，特别是在万物互联智能时代，其发展空间更加巨大，比如 IoT 领域里语音互动交互应用的高速增长就是实践的典范。

笔者并不是刻意要把网络音乐和其他应用类别割裂开，而是网络音乐本就是其他各项应用的基础部分之一。但是笔者认为网络音乐本身就有着巨大的需求，就像正常的人的听觉对声音的捕捉比视觉对光线的感受更快一样，网络音乐以听觉为入口为人的情感世界服务，应该出现令人更加舒适的应用。

基于鸿蒙操作系统的应用已经在音乐方面进行优化用户体

验的尝试，比如已经实现在运动场景下手机和手表功能配合使音乐具有更舒适的陪伴等情景。

笔者认为在基于鸿蒙操作系统的应用体系里，各种具备声音传播的设备和手机在相互连接后，都会成为网络音乐传播与创造的载体，为每个人创建属于自己的网络音乐体系，让每个人都成为音乐家，笔者认为此项使命十分重要。

华为消费者业务软件部总裁、鸿蒙操作系统主要推动者及负责人王成录先生通过媒体明确表态，鸿蒙官方对于游戏与短视频等一些应用，在审核等环节会体现华为的价值观，会有各项严格的要求，以防这些应用的整体社会价值弊大于利。

娱乐与玩耍是人的天性，游戏是娱乐与玩耍中人们最喜欢的部分，很多游戏容易让人上瘾。网络游戏将现实世界中各种可望不可即、各种想象中的美好景象、各种梦寐以求的事物等全部呈现，让很多在现实生活中无法完成或达到的境界都可以去体验和角色代入。

所以，网络游戏和流量入口是紧密联系在一起的。网络游戏是 PC 互联网、移动互联网流量转化变现的最佳形态之一。网络游戏不像电商、外卖、广告等需要后续的服务与交付兑现。游戏本身就是流量入口、服务与商业化的产品。

现在的游戏内容纷繁多样，涉及我们生活、工作、事业、梦想的方方面面。但是从整体技术上来讲，游戏还是基于单设备、有限的网速和有限的交互方式来运行的。

所以，基于鸿蒙操作系统各种设备联动、协作，特别是虚拟现实技术设备在各种游戏场景的深度代入与沉浸式体验设计等，笔者认为这类似于把网络游戏从二维世界带入三维立体世界，从现实与虚拟分隔，到现实与游戏深度融合；所有游戏类别都需要升级再造，同时还会有更多的基于万物智能互联时代的网络游戏推出。

4.3.9 其他常用应用

在排名靠前的网民用户使用较多的网络应用中，还包括文学、医疗、教育、旅游、外卖、网约车、互联网理财、分类信息、广告、网络存储服务等。

各个应用整体的发展路径，基本上都是通过网络或者网络和线下融合的方式去解决现实社会中存在的痛点与不完善的地方，经过长期的经验、技术、资源等的积累，借助某个特殊的节点获得快速的发展。

在同一个赛道上，往往从多个平台竞争，到几个大平台应用形成比较稳定的市场格局；从多个平台竞争，朝着聚合、为用户提供最优服务的方向发展。

基于前述的分析主流应用的思路，我们对各项应用的发展进行简要的梳理。人类各项技术，特别是在构建万物互联智慧世界的构想中，在现今的几年可获得一个突破性的发展，对于所有主流网络应用软件，都是关键节点，要么升华去迎接新时代，要么就被淘汰。比如，让网络文学创作与阅读的碎片化整合更加容易；

以网络文学原创为动力，实现多媒体转化更加友好迅速。在线医疗、在线教育都属于网络的深度应用，包括更加真实的现场互动、超低延迟、超高精准性与超速反馈互动等要求。旅游、外卖、网约车、理财、分类信息等在传统 PC 互联网、移动互联网世界的发展，已经处在一个成熟的水平，急需从传统的网络接入、信息广告交易服务、简单推荐，向着智能感知用户需求、个性化精准化服务、优化供应服务体系等新的方向突破；广告、存储等基于人们、企业、政府等对网络的依赖程度不断增强，数字资产正不断增多且处于快速增长阶段，各项技术和服务内容需要跟上智能数字爆发式增长的需求才行。

基于鸿蒙操作系统的创新升级，包括了 5G、大数据、云计算、人工智能、芯片、物联网等多项综合技术的应用，是从构建万物互联智慧世界的整体上进行升维，而不是某个单方面技术的发展。在笔者创作本书期间，基于鸿蒙操作系统的比如教育场景，多屏多设备互动互助营造更加真实的网络教育环境；比如通过手表和手机协同让打车更加便捷等已经实现并进行了官方发布；在传统的人们习惯的各项应用中，对基于未来、全场景、分布式的，无所不在、随手可及、跨设备流转的各项创新与可能性，我们都可以展开创新想象与大胆的实践，未来在这些领域的领导者也许就是现在勇敢先行的你。

4.3.10　其他工具应用

生态的建立和繁荣，需要丰富多彩的各具特色的应用来满足人们的使用需求。在鸿蒙操作系统这个新生态里，各类型的核心工具应用比如办公软件、邮箱、输入法、浏览器、天气预报、日历、安全保护、设备清理、应用清理、主题壁纸、计算器、翻译工具、设计、视频编辑、多媒体编辑、语音视觉智能输入等，都有着很大的市场发展空间与技术创新发展潜能。

在本书的创作期间，笔者观察到鸿蒙操作系统已经和国内的办公软件头部企业——金山办公软件达成了战略合作，让办公软件通过鸿蒙元程序的能力在云端、多设备协同互助下更加友好与流畅，让用户使用更加便捷，同时金山办公软件积极迎接并参与鸿蒙操作系统的相关测试开发。

笔者认为，以上列举的和没有列举出的各个工具类应用在鸿蒙操作系统这个新赛道上，需要勇往直前，大步迈进，积极参与创新测试，趁早融入新的体系，享受前期的各项红利。

4.3.11 企业、组织服务

企业及组织管理软件包括传统的 OA 办公管理、CRM 客户管理系统、进销存、ERP 企业资源管理系统、财务管理软件、人力资源管理软件，各个垂直行业的管理软件如技术人员团队代码管理软件等。在以 Salesforce 为代表的驱动下，传统的本地化管理协同软件全面云端化发展，无论是在云端私有化部署还是采用 PaaS（平台即服务）、SaaS（软件即服务）等方式，全面入网上云，进行数据汇总、数据分析、数据应用等的类似面向终端用户网络平台一样的数字化转型升级。这是一种必然趋势。

中国的钉钉、企业微信、华为 WeLink、字节跳动、飞书等带动的企业网络协同、远程办公的高速发展，验证了企业组织系统的实际需求。但是，企业、组织团队的网络化管理，对网络速度保障、网络安全保护、多设备协同、多场景互动等要求更高。

基于 PC 互联网、移动互联网的基础设置与已有的组织产品体系限制，比如纯云终端结构，网络延迟，各种办公设备、各个品牌的硬件、软件相互不兼容，团队系统操作复杂等。对于企业、组织团队需要高效配合协同来讲，未来智能化、数字化运营的需求已经不能匹配。

所以，笔者认为企业、组织团队服务类的应用软件在鸿蒙操作系统上的发展升级迫在眉睫，抢占先机，快速接入，全面升级，拥抱数字化、智能化的全场景高效企业团队管理体验，是最佳的选择。

4.3.12 互联网政务

网络是政府管理部门重要的工具、媒介与阵地。所以，我们通过政府各职能部门的网站、客户端及其在各个主流网络平台的官方账号互动沟通，享受相关服务，学习了解相关政策法规等。

现在，政府职能与管理数据全面上云，构建与实现智慧政务、警务、交通等正在全面加速发展。政府通过网络、大数据、人工智能、物联网、5G、云计算等技术的融合，对整个社会的管理运营能力会快速提升。

诚然，基于政府的特殊性、权威性等，互联网政务在安全性、保密性等方面有着更高的诉求。但是互联网政务也绝不会是一个封闭的孤立的体系，它需要融入整个大的网络数字化世界，这样它才能发挥其引领、管理、协调、促进公平等职能，所以，互联网政务对于各项应用技术的先进性、安全性、稳定性、可控性有着更高的要求。笔者相信我们前面分析的鸿蒙操作系统的各项特征与技术上的逐步实现，高度吻合网络政务、智慧政府的各项发展要求。

操作系统是整个智能网络世界的底座之一，笔者认为随着鸿蒙操作系统元程序应用服务的发展，权威政府职能部门、各项政务相关的元程序将大量涌现，这是发展的必然趋势。

4.3.13 工业与产业展望

本部分是我们现在暂时的弱项，包括芯片设计软件、工业设计软件等。传统消费型 PC 互联网、移动互联网体系是不能直接在工业互联网与产业互联网中植入与应用的。因为涉及机器管理、工厂流程、质量检查、高端精细度的设计、制造等，消费级网络是不能适用的。但是，工业互联网、产业互联网也需要融入整个数字化社会中，不能是完全独立的封闭的一套体系那样，我们知道的现在这个领域做得好的各项软件应用也是基于 PC 互联网、移动互联网的底座体系在运行的，只是在应用环境、应用权限、安全性等方面做了一些特殊处理。

既然鸿蒙操作系统是基于未来、全场景、分布式的万物互联智能时代的操作系统，是新世界和新时代的技术基础底座之一。那么，它在工业4.0时代与产业互联网的应用中也会有其一席之地，或者也将会是底层技术的赋能与支持者。

按我们前面的一系列分析，也许在未来的智能世界中，软件应用是“软件统治世界、软件定义硬件”的终极表现形式，因为万物智能互联后，各种本来就存在的物品通过连接、激活、赋能即可，比如脑机接口技术的发展就是一种表现形式。也许这一切都可以通过软件应用来定义。笔者既是实践者，同时也是理想主义者，我们希望鸿蒙操作系统可以一直肩负着这个未来软件体系的发展使命。

4.4 鸿蒙应用服务的开发

4.4.1 开发前言

我们前面讲了那么多关于鸿蒙操作系统及鸿蒙操作系统应用服务的内容。大家可能会想，如果要做鸿蒙应用服务开发会不会很高深，会不会很难呢?

笔者认为，真正厉害的体系并不是让人可望不可即，就像我们看到很多德高望重的人往往不是高高在上，而是平易近人一样。所以，基于鸿蒙操作系统的应用服务开发也不会很难，并且随着鸿蒙操作系统及生态的完善，小孩儿和老人都有可能想出一个创意来，自己创作一个鸿蒙操作系统的元程序。

笔者创作本部分内容时是2020年12月份，当时鸿蒙操作系统的应用服务开发主要是用到Java、JavaScript两种语言。这个时期基于鸿蒙操作系统的总的语言包括 C、C++、Extensible Markup Language、Cascading Style Sheets和HarmonyOS Markup Language。其中C语言、C++语言主要用于南向设备。笔者之所以强调时间，是因为鸿蒙操作系统发展很快，随着时间的推移，支持的技术也在不断变化和升级。

基于北向应用服务开发，以前具备Java、JavaScript语言基础肯定上手会快些，如果有丰富的App开发经验，会更好切入。

当然，现阶段一个完整的鸿蒙操作系统应用服务，其实不是一个人能完成的，是需要一个团队来配合的。这需要产品经理对整个应用进行策划、规划与协调等；需要UI设计师把各个页面设计呈现出来；需要UE设计师考虑用户交互的各个细节；需要技术开发人员通过代码实现各项功能；需要测试工程师进行各项检查和测评；需要运营推广人员进行上架发布及后续的推广经营等。这么多流程，一般情况下，一个人是搞不定的。

本章节我们主要阐述设计、开发与分发的环节。关于整个应用服务的策划、运营、推广等，我们会在另外章节中单独阐述。

4.4.2 设计相关

1. 概述

在各项应用服务用户体验中，视觉是非常重要的；“第一印象”“眼见为实”等从某种角度来讲，都说明了视觉的重要性。而人在应用服务上的视觉感受是有规律可循的。

鸿蒙官方基于华为强大的视觉技术研发积累，总结出来很多基本的设计规范，这些规范是我们在做应用开发时必须要遵循的，同时还为广大开发者准备了基本的需要引用的设计素材资源。

鸿蒙操作系统的应用服务的各项创新，使得其设计语言和全场景设计指南也会与众不同，需要综合考虑人员、设备和环境等因素，具体包括通用、分布式、全球化、隐私设计等部分。

笔者在鸿蒙应用设计的阐述上使用大量的笔墨，是因为大部分读者对设计这个层面能直观地理解，不像代码，除鸿蒙生态的专业南向、北向、组件、发行版、代码、开发者，其他角色成员没办法完全弄明白。通过设计、页面呈现和逻辑要求等，我们可以深入体会鸿蒙操作系统的核心思想与优势。

在每项具体设计要求的最后，鸿蒙官方都提供了设计自检表，详细列举了在全场景设备设计和开发过程中应当注意的设计规则，提交审核前要求开发者对照检查。表的要求分为“必选”与“推荐”两类。必选类表示该设计内容需要按照原则执行，推荐类表示可适量做出修改。基于本书全生态读者的特性，笔者没有阐述设计自检表内容及代码开发展示的一些细节内容。

2. 通用基本设计

通用基本设计主要考虑多个设备的共性部分。通过跨设备的一致性的设计，提升用户体验，提升应用开发效率。其主要包括应用与导航架构、人机交互、视觉风格、布局、界面用语等。

（1）应用与导航架构

导航用于引导用户在应用的各个页面进行浏览。常用的应用导航有平级、层级、混合导航三种方式。导航设计需要遵循统一性与明确性原则等，便于让用户清晰明确地进行使用，如图 4-2 所示。

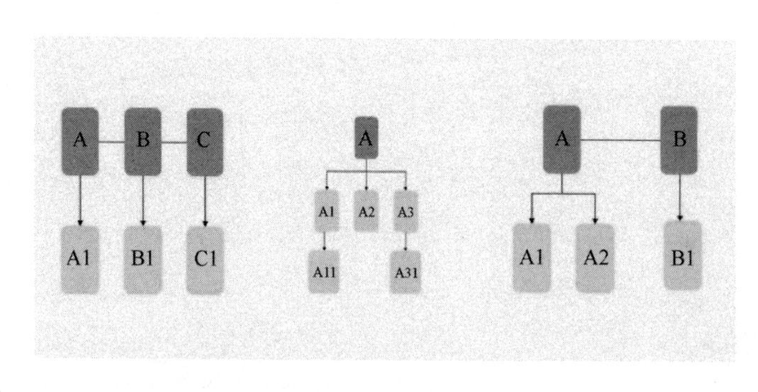

图 4-2　鸿蒙操作系统应用导航平级、层级、混合设计示意图

应用界面相关常用的有启动页、详情页、列表视图、网格视图等。启动页在加载时的用户等待时间可以设置应用的应用形象或者广告。详情页用于表示细节描述和操作内容。列表视图按照一定的逻辑排序，通常用于文字和数据内容展示。网格视图通常显示均等重要的项目，具有统一的布局特征，主要用于图片和视频内容。

（2）人机交互

随着多类型的智能终端设备在我们日常生活中的使用，能与用户进行交互的设备越来越多，包括智能手机、平板电脑、计算机、智能穿戴、电视、车机等。鸿蒙操作系统的软件应用可在多种设备或单设备上被用户通过多种输入方式操控。常见的输入方式包括鼠标、键盘、表冠、遥控器、旋钮、隔空手势、语音等。

开发应用对于人机交互的设计，应遵循鸿蒙操作系统提供的规范说明，确保能根据用户的情景，提供合适的交互方式，保证用户交互体验的一致性和舒适性。

（3）视觉风格

视觉风格是决定应用吸引力与整体用户体验的重要因素。鸿蒙操作系统的系统主色调为天蓝色，通过使用虚拟像素作为设备针对应用而言所设定的虚拟尺寸，全新定义了应用内参数尺寸的度量单位。鸿蒙操作系统还提供了字体像素的单位，形成了独特的字体系统，通过一系列比例字号大小的组合等，能适应不同设备及内容的视觉需求。

应用图标是用户识别应用的重要视觉元素之一，让用户能够轻松知道图的含义。设计上应当保持元素整体一致，再根据不同的设备场景匹配对应的图标进行调整，颜色的使用上应当遵循鸿蒙操作系统的色彩规律等。

（4）布局

布局主要包括原子化布局能力与栅格系统。

全场景、分布式操作系统的重要挑战是各种屏幕规格不同引起的页面适配问题。鸿蒙操作系统为此提供了七种原子布局能力，具体可分为自适应变化能力与自适应布局能力两类。

自适应变化能力包括拉伸能力和缩放能力。自适应布局能力包括隐藏、折行、均分、占比、延伸等能力。这七种原子能力在实际的使用中可以根据需要进行组合，可以创造出各种自适应的布局方式。

栅格系统是一种辅助布局的工具，它给鸿蒙操作系统提供一种统一的定位标注，确保了各模块、各设备布局的统一性，为应用提供一种便捷的间距调整方法，满足了各种场景布局调整的需要。

（5）界面用语

界面用语是用户互动界面的一些提示，给用户带来良好的互动体验。在设计界面用语时鸿蒙官方明确提示需注意如下事项。

对同一对象、状态、行为等的用语要保持一致性；用词要简短；注意上下呼应、主次分明与条理性；要通俗易懂，注意礼貌用语，多从正向描述；在保持一致性前提下用词要多变，展示文采，体现品位与个性；用词需要契合用户身份和具体产品。

2. 分布式相关

鸿蒙操作系统的分布式特征，将各场景中的设备进行能力融合，形成超级终端，为用户提供统一和一致的场景体验。分布式设计相关的原则与形式等就是让用户获得满意的超级终端体验。

（1）基本规则与构架

要构建理想的分布式体验，需要遵循一些基本设计规则。一是跨设备融合要能明显提升用户体验，比如更高效、友善的交互效率等；二是让设备之间协同自然化，拥有使用一个设备的感知；三是设备间交互指引要清晰明了；四是让跨设备交互易于理解、记忆，方便用户持续使用；五是在跨设备互动时，用户能自主便捷地进行各种模式的切换；六是多设备协同为更好的沉浸式体验提供了支持，考虑根据场景中设备的属性特征，提供最优的无干扰体验。

分布式体验主要分为连续性和协同性两大类型。连续性体现在任务和音视频接续上，协同性包括软件和硬件的协同。通过连续性和协同性的设计，让应用呈现出用户满意的分布式体验。

（2）连续性设计与协同性设计

连续性设计中的任务接续适合导航等场景。比如在用手机打车时接续到手表，让手机可以做其他操作，同时便捷查看车辆位置等。音视频接续的场景比如从手机把音频接续到音箱、视频接续到智慧屏等。

软件协同，由于现在手机里的软件数量与功能明显强于其他智能设备，所以，软件协同更多的是以手机软件为中心的全场景设备间的协同，比如在电视智慧屏拍照时，调用手机中的美颜软件进行换肤处理就是软件协同的场景。常见的软件协同场景包括调用分享、登录、美颜、支付功能等。

智能设备中常见的硬件能力包括显示、摄像、音频输入输出、交互、传感器能力等。鸿蒙官方针对这些常见的硬件能力总结了常用的协同模式，应用开发者可以遵循和参照这些模式，或者创造出更适合应用场景的新的协同模式。

显示协同可分为显示分离模式、显示与功能分离模式。显示分离模式比如邮件列表和内容协同显示在手机和计算机上，在手机上操作列表，在计算机上查看内容。显示与功能分离模式比如文档编辑的内容和工具菜单协同显示在电视和手机上，在手机便捷操作菜单，在电视上清晰查看内容。

摄像协同包括优选模式与多路摄像模式。优选模式是使用其他设备的更好的摄像头进行摄像。多路摄像模式是调用其他设备上的摄像头和本设备上的摄像头协同使用。

音频输入协同主要包括收音增强模式与话筒模式。收音增强模式是把其他设备的音频输入能力作为补充。话筒模式是把其他设备的音频输入能力作为话筒来使用。

音频输出协同包括音视频分离模式与多路音频播放模式。音视频分离模式是指把同一设备上的视频播放场景中的音频分拆到其他设备上。多路音频播放模式是指两个或多个设备上的音频输出协同使用。

交互协同主要包括内容和控制输入两种方式，内容方式是指使用其他设备上便捷的内容输入能力来帮助本设备；控制输入方式是指使用其他设备的更方便的交互能力帮助本设备进行操作，提升操作效率。

传感器协同现在主要体现在生理和运动数据的综合使用上。通过智能手表收集相关数据，通过手机进行分析、整理、反馈等。

在实际设计中，不是所有的协同都是单纯的某一项能力的协同，组合协同能力的使用，是我们对鸿蒙操作系统分布式能力理解到位的综合考验。

3. 全球化相关

鸿蒙操作系统生态从中国市场起步，服务于全球市场，我们知道的成功的操作系统都不是局限在一个国家发展。所以，全球化、全球化设计就非常重要了。开发者可以和鸿蒙官方一起发展全球市场。

笔者根据鸿蒙官方指导材料，对国际化和本地化设计常遇到的问题进行了归纳总结，遵循以下规则可以有效提升产品和应用的全球化质量。

视觉中的文图结构，图片上的文字需要采用分层展示，这样可以在不用替换图片的情况下，简单替换字符串便可适应不同国家的展示要求。颜色使用与图标设计需要参照鸿蒙操作系统推荐体系，不能用其他国家或地区禁忌的色调和内容。

在 RTL 从右到左如阿拉伯语、希伯来语、波斯语等语言系统中，语言的普遍特征是事件发展顺序从右到左进行。如果图标、插画、动效、表情、手势等包含方向性的图案与顺序，需单独提供一套视觉设计与运行逻辑，要特别注意与尊重其风俗禁忌。

全球化设备与应用在布局与字体上，为了便于界面上的字符串的翻译，需要预留合适的空间，字体少用或慎用粗体等特殊样式；当无法匹配语言时，默认使用英文，文本描述界面用语尽量简洁等。

涉及字符排序、长度、温度、货币与知识产权等，既要考虑国际通用的法律、法规与准则，同时又要考虑各个国家和地区的特殊性与要求。

总之，设备和应用要在全球发布，需考虑全球化流程与全球化设计,既需要考虑通过一种更加通用和底层的方案去满足不同国家的需求的国际化，又要思考针对各个国家的个性化解决方案的本地化。

4. 隐私设计相关

数据安全和隐私安全是现在网络发展面临的重大挑战，在万物互联智能时代也一样。本部分内容在后面的章节也有相关阐述，我们可以结合起来阅读理解。

隐私设计，就是开发者在应用设计阶段就需要设置好用户隐私保护，这是应用市场成功上架的前置条件之一。

隐私保护设计的原则包括数据收集及使用公开透明、最小化、必须要征得用户的同意、确保数据安全、优先在本地进行处理、对未成年人的数据进行特殊保护等。

与隐私紧密相关的是系统权限，即应用访问用户敏感个人数据或操作敏感能力的应用授权方式，系统是通过弹窗的形式明示用户授权，用户可同意，可不同意，同意后可撤销。在鸿蒙操作系统上开放了位置、相机、麦克风、日历、健身运动、健康、媒体、账号八个权限可以被应用申请。

应用服务需要有隐私声明文档协议，隐私声明文档协议的使用包括首次启动、更新通知、查阅和撤销四个场景。隐私声明文档协议具体内容为应用营私政策所遵从的法律、政策和规定，应用收集、留存和使用用户个人数据种类、目的等。

5. 基于具体设备的应用设计

对于各种具体设备的应用设计内容，主要是对我们前面阐述的各项内容的综合实际应用。比如鸿蒙官方列举出了智慧屏、智能穿戴、IoT 的各自整体设计相关的原则、系统与应用构架、遥控器及焦点、视觉风格、控件与设计自检表等内容。

鸿蒙官方还为开发者准备了基于鸿蒙操作系统的智能穿戴、智慧屏、IoT 设备等的设计资源文件，内容包括色彩、控件和界面模板等。应用开发者只要根据这些材料，在遵循要求与规范的情况下进行创新就行。

6. 设计工具

鸿蒙操作系统官方提供的设计工具，其主要特点：一是在云服务器上实时发布与更新规范的设计资源；二是提供了根据各需求进行不同界面设置的原子化布局能力；三是进行了控件分类，各控件可直接拖入画板方便使用等。

具体使用包括安装、更新、首次使用及各项功能的具体实现等。在笔者创作本书期间，该设计工具主要支持在 Sketch 插件上实现各项具体功能和完成使用流程。所以，设计工程师们需要配置好适配的计算机平台，了解并熟悉 Sketch 和鸿蒙操作系统设计相关的内容。

4.4.3 开发相关

在完成了基本的设计环节后，接下来就要进入功能开发相关的环节了。

1. 开发工具整体介绍

华为官方为开发者们提供了 HUAWEI DevEco Studio，即面向华为终端全场景设备的一站式分布式应用开发平台。我们在第 1 章中有过介绍。

其主要特性：一是对用户体验与视觉设计、UI 界面开发打通，确保界面与视觉的一致性；二是支持多设备端界面实时预览；三是实现了多语言、多进程、多设备的一站式调试；四是提供多终端设备的模拟仿真环境；五是提供从代码级到二进制级的测试服务体系，支持应用单元测试和兼容性等测试，确保开发质量；六是实施安全纯净开发，提供安全隐私、漏洞、恶意广告等自动检测服务。

与开发环境配套的是测试环境，HUAWEI DevEco Services 是云侧服务，面向开发者提供全天候的多终端真机设备，提供应用的云测试、绿色测评、质量分析等服务。

在开发、测试的支持下，华为的研发投入积累了世界领先的各项技术基础，特别是在 AI 领域，为了向开发者们开放华为所积累的各项 AI 技术，为开发者们构建和提供了鸿蒙操作系统智慧平台。具体包括 HUAWEI HiAI Engine 应用能力开放和 HUAWEI HiAI Service 服务能力开放。其中，HUAWEI HiAI Engine 提供了包括二维码相关、图片相关、文档相关、语音相关等智能技术。而 HUAWEI HiAI Service 主要提供了全场景各渠道、各设备的接入和分发体系支持。

以上工具的整体使用流程包括工具下载安装、工程管理、应用开发、编译构建、应用运行、应用调试、应用测试、应用发布几个主要环节。

2. 应用服务开发流程

具体的开发是有一个科学的流程的，遵循这个流程会让开发工作事半功倍。笔者根据鸿蒙官方网站提供的资料，对整体流程进行了梳理。

首先，全面地认识鸿蒙操作系统与应用开发的基本概念和知识。此部分内容在本书第 1 章中有部分详细的阐述。

其次，准备开发环境，安装开发工具，并配置相关开发环境。

鸿蒙操作系统涉及许多类设备相关联的开发，其中有些是通用的应用开发内容，我们先对本部分内容进行综述，然后再对每部分及基于各种设备的差异化开发进行详细的阐述。通用开发部分主要包括开发 Ability、开发 UI、开发具体业务功能。

具体业务功能的实现，主要包括媒体、安全相关、AI 相关、网络连接、设备管理、数据管理、线程开发、IPA 接口服务开发等内容。

基于以上各项功能，在开发实现后，就要进行调试应用了。如果需要在真机设备上调试应用，则在编译前需要先申请调试证书，并配置签名信息。以便于在编译构建时，生成带签名信息的 HAP。如果在模拟器上调试应用，则不需要签名，直接编译构建 HAP 即可。

最后，就是发布应用环节，如果需要发布到应用市场，需要申请发布证书，并对 App 进行签名，再申请上架。

3. 应用开发相关基础知识

我们对开发的流程有了基本的认知后，再来了解一些应用开发的基础知识。我们通过对应用开发基础知识的了解，可以知道鸿蒙应用的运行机制，知道很多“背后的故事”。当然，这些基础知识是在鸿蒙应用开发方面深度发展的读者和开发者所必须掌握的。鉴于本书的定位和特征，我们阐述完这些基本概念后，后续的深度开发流程，我们将简略描述，让大家有认知即可。

（1）应用软件包的组成

Application Package 是鸿蒙操作系统应用软件包的发布形式，它是由一个或多个 HAP（HarmonyOS Ability Package）及描述每个 HAP 属性的 pack.info 组成。

HAP 是 Ability 的部署包，鸿蒙操作系统应用代码以 Ability 组件为基础展开各项开发工作与功能实现。一个 HAP 模块包是由代码、资源、第三方库及应用配置文件组成的。

（2）配置、资源文件与数据管理

在每个 HAP 的根目录下都有“config.json”配置文件，文件内容包括应用的全局配置信息、应用的包名、生产厂商等基本信息；应用在设备上的配置信息包含应用的备份恢复等能力；HAP 包的配置信息包含 Ability 的基本属性如包名、类名、提供的能力等，以及调用应用权限相关信息等。

应用的资源文件如字符串、图片、音频等统一存放于 resources 目录下，便于开发者使用和维护。

开发者通过应用数据管理，能够方便地完成数据在不同终端设备间的衔接，满足用户跨设备使用的一致性体验。具体包括本地应用数据管理、分布式数据服务、分布式文件服务、数据搜索、数据存储管理等几部分。

（3）权限管理与隐私保护

应用权限管理与隐私保护相关概念在以上设计部分有详细的说明，本处就不再复述，应用包括使用到的第三方库，涉及权限使用的都需要在“config.json”配置文件中使用相关代码命令属性对需要的权限逐个进行声明。没有在“config.json”配置文件中声明的权限，应用就无法获得此权限的授权。具体开发内容动态申请敏感权限、自定义权限、保护权限等形式。

4. 具体开发

每个功能的开发与实现一般包括三个环节：一是需要使用这个功能的场景，就是这个功能具体能做什么用，完成整个应用服务里的哪项具体任务；二是了解、熟悉、使用实现该功能的各个接口与主要命令代码；三是按步骤进行调用接口开发和通过命令代码的生命周期等特征的开发去实现其功能。

鸿蒙操作系统为应用开发提供了非常丰富的、强大的功能支持体系，将PC互联网、移动互联网，基于未来的分布式、全场景、物联网、人工智能等各项基础功能进行了封装和作为基础能力提供，让应用开发者们可以聚焦于用户需求、创意与具体业务逻辑的实现。鸿蒙操作系统让开发者们实现一个世界级的应用服务开发或者创造一个小而美的个性化软件，变得更加容易。

本部分内容主要把到本书截稿时间为止的、鸿蒙官方提供的主要相关功能场景进行阐述，以便于应用开发相关的决策者、产品经理、设计人员、代码开发工程师们及普通的读者，知道哪些具体的想法、市场需求是现在通过鸿蒙操作系统提供的功能就可以实现的，哪些是需要组合、创新才能完成的，哪些是需要和鸿蒙官方进行单独沟通、才有可能完成的。可以将主要相关功能当做是开发索引和初步、较全认知的入门功能，鸿蒙操作系统在不断发展，其提供的各项功能与接口也会越来越丰富，笔者本部分的创作属于抛砖引玉。

所以，本节中涉及各项功能的具体代码、开发接口、开发步骤、生命周期与部分约束条件细节等，没有详细阐述。

1. 开发概述

在应用开发服务的流程中，对于鸿蒙操作系统面向未来、基于全场景的特征，涉及许多类设备相关联的通用应用开发内容，包括开发 Ability、开发 UI、开发具体业务功能等，已经有整体介绍。本节对每部分的一些细节内容及基于各种设备的差异化开发进行详细的介绍。

2. Ability 开发

（1）Ability 开发

鸿蒙应用所具备的各项能力的抽象称为 Ability，Ability 也是应用程序的重要组成部分。一个应用可以具备多种能力，鸿蒙操作系统支持应用以 Ability 为单位进行部署。从某种角度来讲，鸿蒙应用的开发就是以 Ability 为基础进行的。通过其抽象能力，鸿蒙操作系统提供了用户交互、后台运行服务、数据存储与使用等完整的应用功能体系。Intent 负责对象之间信息的传递，其具体开发使用场景，比如当一个抽象能力需要启动另一个抽象能力或者一个抽象实例需要导航到另一个抽象实例，就可以通过 Intent 去启动目标同时携带需要的数据。

（2）分布式任务调度

分布式是鸿蒙操作系统最为重要的特征之一，其通过对各种硬件差异的屏蔽与进行抽象化处理，让对搭载鸿蒙操作系统的各种设备在不同的情景下给用户统一的超级虚拟终端的体验。

从技术上，鸿蒙操作系统提供了跨设备的统一组件组织调用，为应用开发定义统一的 Ability 基线、接口标准、数据体系、服务与描述语言；支持多应用、设备从用户界面与应用服务及应用数据之间的远程启动、关闭、连接、断开、远程调用、多种方式的无缝迁移等分布式任务。

（3）公共事件、通知与剪贴板

公共事件，通俗来理解就是各种应用一些常用的、共用的、基础的功能。鸿蒙操作系统为应用程序提供了这些公共事件服务的订阅、发布、退订的能力。

公共事件可分为系统和自定义两类。系统公共事件是鸿蒙操作系统将收集到的事项，根据系统制定的规范与策略发送给订阅该事项的用户程序，比如系统升级等情况下应用的知晓与反应。自定义公共事件是应用自主决定的一些公共事件，用来形成自己的业务特色。

通知指在应用的用户界面之外推送内容，常见情景比如显示接收到即时消息、应用推送的广告和新闻，当前正在进行的事件比如导航等。通知功能提供的应用内容，用户可以删除或触发下一步的内容。

剪贴板就是我们平时常用的复制、粘贴功能在系统中的体现。鸿蒙操作系统提供系统剪贴板服务的操作接口，支持各项常规的复制、粘贴与撤销等操作。

3. 线程开发

在应用启动时，鸿蒙操作系统为该应用创建主线程，在默认情况下，UI 界面的相关操作都是在主线程上进行的，所以又称 UI 线程。如需要执行比较耗时的事项比如下载文件等，需要创建其他线程来处理。

当多个线程执行多个任务时，为保证应用的用户体验，我们可以设计任务的优先级，也可以使用线程之间的通信机制，比如播放视频的主线程创建下载任务的子线程，下载完成后，UI 界面有完成与下步操作提示等。

4. UI 界面开发

在阅读本节内容时，读者最好了解 HTML5、CSS、Java、JavaScript 这些技术基础；当然，笔者已经对各项内容进行了简化，全生态的读者也可以全面了解。

（1）Java UI 框架

鸿蒙操作系统的应用在有屏幕的设备上，显示所有可被用户查看和交互的用户界面。Java UI 框架就提供了一部分开发构建用户界面元素的组件和布局。组成用户界面的各项元素统称为组件，组件不添加到布局中，就无法显示与交互，所以用户界面至少包含一个布局。

Java UI 框架为用户界面提供了多种类型的组件。比如提供了以确切位置排列的布局类组件，提供了文本显示的 Text 等显示类组件，提供了在窗口上方弹出对话框的 ToastDialog 等交互类组件，还提供了动画组件与智慧屏产品支持的可见即可说的功能组件等。

组件需要进行组合，并添加到界面的布局中。在 Java UI 框架中，也提供了两种编写布局的方式。

（2）JS UI 框架

鸿蒙操作系统的 JS UI 框架支持声明式编程、跨设备界面自动响应，具备高效率特征。

声明式编程让开发者不用编写 UI 界面状态切换的代码，使视图配置信息更加简单；支持 UI 界面跨设备自动响应布局的显示能力，减少和降低开发者多设备适配时间和精力。JS UI 框架包含了许多核心的控件，如列表、容器组件等，并对声明式编程的语法进行了渲染流程的提升优化，是非常高效率的框架。

JS UI 框架既支持 JavaScript 语言开发，又支持 JavaScript 和 Java 混合语言开发；支持自定义组件，开发者可根据业务需求将已有的组件进行二次与多次开发，封装成新的组件使用并发布。

（3）多模输入

具体来讲，多模输入，就是鸿蒙操作系统不仅支持传统的输入交互方式，如键盘等，还借助鸿蒙操作系统的应用程序框架、UI 组件和 API 等实现新型输入方式的具有多维、自然交互特点的多种输入交互方式。当然，多模输入在不同形态产品支持的情况下不一样，比如手机和平板电脑部分支持鼠标，而车机和智能穿戴不支持鼠标。

5. 媒体

关于媒体的开发内容，我们在第 3 章中也有涉及。媒体是应用与外界互动和获取各种信息的重要媒介，所以很重要。我们在本部分从应用角度详细阐述各项媒体开发工作。

开发者通过鸿蒙操作系统已开放的接口可以实现视频媒体的各项开发。具体包括播放相关的开发如控制、循环播放等，录制开发如录制并生成音视频文件等，提取开发如在多媒体文件中提取音视频数据源等，媒体元数据开发如资源的创建日期、作者等。

鸿蒙操作系统支持常见图像功能如解码、编码、基本的位图操作、图像编辑等，还通过多个接口组合支持实现更多复杂的图像处理需求。

开发者的应用可以通过已开放的相机 API 实现相机硬件的各项功能开发与功能，具体如预览、拍照、连拍和录像等。

鸿蒙操作系统音频相关的功能开发与实现，主要包括音频播放、采集、音量管理和短音播放等。

鸿蒙操作系统提供了一套完整的媒体播放控制管理框架，对媒体服务和界面进行分离，并制定了标准的通信接口，使应用可以按需求且高效率地在不同的媒体之间切换、互助等。这套框架通过媒体浏览器、控制器、浏览器服务、媒体会话四个主要的类别来控制整个框架的核心体系。同时，鸿蒙操作系统还提供了两种媒体元素，用于将播放列表从媒体浏览服务器传递给媒体浏览器。

鸿蒙操作系统还提供了媒体数据管理组件及模块，支持多媒体数据管理相关的功能开发与实现，具体如获取媒体元数据等。

鸿蒙操作系统的媒体部分，除支持以上常规的各项功能外，在分布式方面的优势体现也更加直观。比如在拍照时，通过一个手机去控制另外一个手机的拍照流程，使我们在关联的手机上就能看到拍照者实际使用手机的效果，也可以随时和拍照者沟通或者在关联手机上直接调控。当然，视频、拍照、音频等都可以通过鸿蒙操作系统分布式的能力，让我们很多 App 体验不好的地方得到全面的提升和优化。

6. 安全相关

鸿蒙操作系统应用安全相关的权限、隐私保护部分，我们在第 3 章和本章的开发设计等部分都有阐述，本处就不再赘述。我们重点分析一下安全部分的生物特征识别相关的内容。

鸿蒙操作系统当前提供的生物特征识别能力主要包括 2D、3D 人脸识别。主要应用场景包括应用账号登录、各种情景下的支付、各种设备解锁等。当然，生物特征识别能力的开发与应用，一定要基于 TEE 可信执行环境、安全存储与保护等。通过安全框架抵御各种可能的攻击，进行安全隔离等，防止本技术可能会导致的各种数据泄露风险情况的发生。

7. AI人工智能

（1）能力概述

鸿蒙操作系统为开发者及应用提供丰富的 AI 人工智能能力，具体包括二维码生成、通用文字识别、图像超分辨率等。

（2）二维码生成与通用文字识别

开发者可以通过鸿蒙操作系统提供的二维码字节流生成二维码图片。由于二维码算法的限制，字符串信息的长度不能超过规定个数。我们平时看到的二维码都是正方形的，因为二维码是通过正方形阵列分布信息的，如果采用长方形或其他图形，二维码信息的周边区域会留白或者显示不友好等。二维码生成常用于社交、通信类应用、购物或支付类应用等场景。

通用文字识别是通过拍照等方式把各种卡证、报刊上面的文字转化为图像信息，鸿蒙操作系统再利用文字识别技术将其转化为计算机等设备可以识别和使用的信息的过程。其目前支持处理的图片格式包括 JPG、PNG 等，支持的语言有中文、英文、日语等。

其主要适用于搜索、识别等领域。比如文档、街景拍摄等图片形成的文字检测和识别不仅可以作为应用中的一项具体功能，还可以处理媒体、相机等多种来源的图像数据。

（3）图像超分辨率与文档检测校正

图像超分辨率，是指对图片用智能方法让其分辨率提高，获得比原先放大或清晰的细节内容；或者在分辨率不变的情况下，获得更加清晰、纯净的图片效果。图像超分辨率提供适用于移动终端的两种超分能力，这两种超分能力可以去除图片的压缩噪声、提供多倍的边长放大。

图像超分辨率核心部分内置于手机中，开发者的应用程序通过 SDK 调用，降低开发难度，使应用更轻便。图像超分辨率的应用场景非常多，比如在阅读提升了画质的图片时可获取更加清晰的大图等。

文档检测校正属于文档拍摄过程的辅助增强能力，包含文档检测与文档校正功能。文档检测是指自动识别图片中的文档材料如书本、相片等，返回文档在图中的位置。文档校正是指根据文档在图片中的信息自动将拍摄角度调整到正对文档的角度上。其具体开发与情景比如将旧照片翻拍、提升拍摄效果与进行保存、留念与保存各种展览中的优秀作品、保障拍摄的准确性与良好的效果。

（4）文字图像超分辨率、助手类意图识别、IM 类意图识别

文字图像超分辨率是指对包含文字内容的图像进行放大，同时能增强图像内文字的清晰度的技术。本技术算法的 SDK 以深度神经网络为基础，让开发者节省时间，让应用节省内存空间，更加轻便。具体开发与使用情景如翻拍旧书、让模糊的字迹提升可识别度与进行良好的保存等。

助手类意图识别指利用机器学习能力，对设备接收到的文本消息进行语境和意图分析、识别而进行的各项操作。具体使用如各种场景下的语音助手功能等。

IM 类意图识别可以对文本消息中的用户想法进行自动分析。当前只支持中文的还款提醒、还款成功、未接来电通知。具体使用如我们收到的电信运营商发送的短信通知等。

（5）分词、词性标注与关键字提取

随着网络信息技术的突破，信息数据成爆炸式增长。分词、词性标注与关键字提取，都是帮助人们更好地找到自己所需要的信息的关键技术。

分词技术是文本信息提取的第一步，其提供了文本自动分词的接口，同时提供不同的分词可分粒度，开发者还可以自定义分词规则。

词性标注是指对输入的文本，自动通过词性标注接口对其进行分词，并为每个词标注一个正确的词性。比如是名词、动词等，开发者可自定义分词的规则。

网络世界的入口或者进入方式主要是词语，基于搜索引擎的技术入口称为关键词。基于鸿蒙操作系统的关键字提取 API 可以在复杂与大量的信息中提取文本想要表达的核心内容，可以是具有特定意义的实体，比如车、房子、船等，也可以通过该 API 对提取的关键字按照所占权重等方式进行排序呈现。

我们现在的工作、生活已经进入了一个充足信息的时代，并且信息变化迅速。分词、词性标注与基于关键字提取的搜索引擎等可以帮助我们找到想要的内容，不仅节省时间，还提高生活、工作的效率。具体开发与使用情景包括搜索、标签、提高搜索的准确性、通过各种分词词组进行搜索、准确地分析文本的语义等。

（6）实体识别与语音识别

实体识别是指设备应用从自然语言中提取出，比如湖泊、山、船等具有特定意义的实体，并基于此进行搜索的相关操作技术。本技术涵盖范围广，识别准确率高。具体开发使用与情景比如对音乐、电影等的识别与匹配。

语音识别技术又称自动语音识别，是指基于机器与人工智能识别和理解，把语音转换为文本、命令等形式。鸿蒙操作系统的语音识别能力基于华为智慧引擎 HUAWEI HiAI Engine 中的语音识别引擎，向开发者提供的 AI 应用层 API。该技术将语音文件等转换为汉字内容的准确率很高，具体开发与使用场景比如语音输入法、搜索、翻译、社交聊天、汽车驾驶模式下的人机交互、各种智能设备的语音控制等。

8. 网络连接开发

基于鸿蒙操作系统的网络连接技术包括 NFC、蓝牙、无线局域网、P2P 点对点传输、网络与连接传统电话等技术。

NFC 通过非接触式识别让手机、计算机、智能家居设备、各种智能卡等之间可以进行近距离无线通信，完成各项连接与业务功能。

支持蓝牙的设备之间要先配对才能进行无线短距离的通信。鸿蒙操作系统蓝牙主要分为传统蓝牙和低功耗蓝牙。传统蓝牙技术的具体使用场景与功能包括打开蓝牙、关闭蓝牙、设备间连接状态、远端设备名称、媒体存储控制地址查询、设备配对等。低功耗蓝牙的具体使用场景与功能包括扫描和广播、中心与外围设备之间进行数据交互管理等。

无线电、红外光信号等技术传输数据形成了 WLAN 无线局域网,鸿蒙操作系统的 WLAN 服务系统为用户提供 WLAN 基础、消息通知、设备互联功能、P2P 点对点传输计算等，可用于如移动办公等设备互联的场景中。

鸿蒙操作系统提供了网络管理模块，具备使用网卡、打开 URL 链接、流量统计、HTTP 超文本传输协议等各项互联网链接的功能。

鸿蒙操作系统还提供了电话服务系统一系列 API，开发者可以获取无线蜂窝网络、获取调用用户手机卡的身份识别相关信息等。

9. 设备管理相关

（1）传感器

传感器是万物互联的外界接触基础组成体系。鸿蒙操作系统传感器在应用访问底层对硬件传感器设备进行了统一的抽象化开发与设置。

开发者根据鸿蒙操作系统提供的传感器相关的 API，可以对设备上传感器的数据进行查询、订阅、开发相关算法与应用等，比如环境检查 App 等。根据其具体用途传感器可以分为六大类，包括运动监测、环境感知、方向获取、光线传感、健康类和其他类传感器。每一大类又包含了很多细致的分类，一种类型的传感功能可能由单项功能构成，也可能由多个组合构成。比如环境类传感器的细分包括环境温度相关、磁场相关、温湿度相关、气压相关等传感器。

（2）控制类小器件与位置

控制类小器件包括设备上的 LED 灯、振动器等。LED 灯主要用于充电状态等的提示，振动器主要用于开关、来电振动等情景。

位置是鸿蒙操作系统为应用提供的一种重要的基础服务，如前面所述，位置的获取属于敏感权限，需要用户授权。具体的开设与使用场景包括了解地区的天气、打车、导航等。

（3）设置

我们常用的手机上的飞行模式，就属于设置应用的一种。鸿蒙操作系统可以进行设置开发的数据项包括蓝牙开启关闭、是否启用无线局域网、设置日期时间、屏幕亮度调整等九个类别。开发和实现这些功能后，应用服务可以根据需要对其进行自动或者手动设置操作。

10. 数据管理

（1）关系型、对象关系映射、轻量级偏好数据库

鸿蒙操作系统提供了常规的与使用较多的关系型数据库、对象关系映射数据库与轻量级偏好数据库。

鸿蒙操作系统关系型数据库是基于关系模型来进行数据管理的，对本地数据库进行完善的调配，对外实现了增、删、改、查接口匹配，还可以实现直接进行相关开发语句输入的更复杂情景，整体功能强大，效率高。

对象关系映射数据库是一款基于SQLite嵌入式关系型数据库的开源轻型的数据库框架，其在SQLite嵌入式关系型数据库的基础上构建了抽象层，实现了对于实体和关系的增、删、改、查等面向对象接口的开发方式。

鸿蒙操作系统提供的轻量级偏好数据库以操作对象的形式操作数据库，访问速度快，让效率提升、业务开发聚焦本身逻辑，应用开发者省去编写复杂的SQL结构化查询的语句。当然，其属于非关系型，不适用存储量大数据场景。

（2）分布式数据服务与分布式文件服务

分布式相关的能力、服务，是鸿蒙操作系统最为重要的特征之一。

分布式数据服务是对基于鸿蒙操作系统的分布式数据接口进行开发与调用，让应用程序的数据存储到分布式数据库里。通过对账号、应用、数据库三者的适配，既保障对不同应用的数据安全隔离，确保它们之间不能通过分布式数据服务互相访问，又要确保在通过可信认证的设备间，让应用数据统一管理与调用，形成多种终端设备情景下用户统一的数据使用感觉。

分布式数据服务包含了服务接口、组件、存储组件、通信适配等五个组成部分。应用程序通过其实现分布式数据库建立、传输、订阅等功能。

分布式文件服务提供了类似云计算的统一抽象文件存储与按需使用的技术能力，让应用程序在多设备之间实现文件共享。应用程序获取其完整功能，有相关权限需要申请，在开发与体验时各设备都要打开蓝牙，接入同一无线局域网，登录同一华为账号。实现的这种文件跨设备调用，应用程序感知不到文件所在的具体存储设备。当然，其中也包括文件安全保护等限制措施和内容。

（3）融合搜索与数据管理

鸿蒙操作系统的融合搜索能力既支持准确、高效的应用内搜索，又支持海量数据的平台级搜索，其将各种搜索关键技术进行了统一的封装，通过 API 的形式让应用开发者轻便地进行使用。其具体开发场景包括实现各项应用内的文档、商品等搜索，以及开发各种垂直、具有特色的细分领域的搜索平台并构建综合性的新一代的搜索门户等。

鸿蒙操作系统提供了包括本地存储、存储卡等的数据存储管理能力。存储设备的具体功能分区可以统一分成自身信息区和存放其他数据区。数据存储开发与适用场景包括获取存储设备列表、视图等。鸿蒙操作系统还构建了存储设备抽象结构，让应用服务通过接口访问、了解其自身信息。

11. 日志管理

鸿蒙操作系统提供了 HiLog 应用和方便扩展的日志系统，各种应用能指定类型、级别、格式输出日志内容，让开发者能很好地了解应用状态、进行程序调试等。具体可以实现定义日志标签、级别、查看信息、搜索筛选日志信息等。

12. 设备应用特殊场景开发

相对于前面阐述的通用开发内容，车机、智能穿戴、智慧屏存在一些特殊应用开发场景，下面我们会分别加以阐述。

（1）车机

开发者可以通过鸿蒙操作系统提供的驾驶安全管控和车辆控制能力集等构建出在车载控制系统上运行的应用，并通过分布式和手机等设备联动，让驾驶员、乘客等获得全新驾乘体验。

鸿蒙操作系统将汽车开发与适用场景通过车辆状态分为驾驶模式和非驾驶模式。两者之间的切换是通过车厂定义的限制标准来确定的。对于两者之间应用的使用，不同厂商的限制标准也有差异。

鸿蒙操作系统汽车相关的应用在上架时对“驾驶模式”场景的应用，规定了相关的开发规范，同时需要支持两种状态的切换。比如弹框等影响驾驶安全的操作是默认禁止的。当然，车厂、地域、国家不同，相关的限制标准也不同。

鸿蒙操作系统为汽车相关的开发提供了丰富的接口，各个车厂、品牌有在遵循鸿蒙操作系统统一标准基础上的自主权限。具体包括开发让用户自行设置汽车相关使用条件形式的应用，开发控制车窗开关、雨刷器、后视镜等的应用，开发 T-BOX 车载智能终端设备与 ADAS 高级驾驶辅助系统相关的应用等。

（2）智能穿戴

在鸿蒙操作系统的智能穿戴设备上，开发者可以开发该设备特有的应用，也可以开发和手机互动等各种跨设备分布式的功能，从而让消费者有更好的体验。比如运动健康相关专业的细分领域的应用，和多设备互动的分布式的家庭护理 App 等。应用主要的两项增强功能是发送通知与降低应用功耗；应用向系统发送通知，提醒用户有来自应用的各种信息；智能穿戴设备体积等的限制让电池容量有限，应用应该尽量降低各项功耗，比如不允许做屏幕常亮设计与频繁唤醒系统等。

（3）智慧屏

鸿蒙操作系统智慧屏相关的应用 API 主要和分布式多媒体相关，包括 UI 界面开发、网络访问等能力。

具体适用的应用开发情景与内容包括实现创新的导航模式、本地和外置存储设备音视频播放、相机硬件的调取与使用、各项新功能开发，以及语音、按键、触控等多模输入框架。

由于智慧屏的体积特点，在鸿蒙操作系统中智慧屏分布式应用一般都承载着主要显示的分工，供大多数人观看、参与协同等。

13. API 参考与版本更新

鸿蒙官方提供了丰富的接口，具体包括 Java API 参考，主要适用于 C、C++相关语言的 Native API 参考和 JS API 参考。本书中讲到的开发很多是基于 API 来进行的，华为及鸿蒙官方等把其综合的各项实力与能力封装，提供在这些接口中。让参与者们的前端具体需求满足与业务逻辑实现更加简便。当然，相关 API 是有标准和规范的，并有开发对接的语法规则。另外，就是鸿蒙操作系统的各项开发工具、API 等都是不断迭代升级的，版本在持续更新。所有基于鸿蒙操作系统的各项开发与实践等，都在为鸿蒙操作系统技术的发展完善贡献一份力量。

一个具体的应用是多个功能组合的，在前面设计相关的内容里，其实已经比较完整地阐述了鸿蒙应用服务各项功能融合的一些基本思路与原则。再加上本部分功能开发相关的内容，我们对鸿蒙应用开发的各项细节有了更加全面的了解。

在基于环境的开发过程中，涉及各项具体功能的实现与在各设备上的具体应用，主要以代码的方式来讨论，基于本书从生态的角度切入，所以本部分细节就不在此描述。

4.4.4 应用分发

在笔者创作本书期间，鸿蒙操作系统应用体系的分发，从整体来讲还是基于华为原有应用的管理规范。而华为应用市场提供了多元分发渠道，让开发者的应用可以通过多语言、多版本的形式服务全球用户。

当然，在笔者创作本书期间，国外暂时还没有大量的基于鸿蒙操作系统的智能设备，我们可以预先了解一下应用分发方面的相关内容。因为后续鸿蒙应用的分发也应该是基于本体系不断优化升级和根据鸿蒙应用的特性做一些相关的调整的。

华为应用多元分发平台的核心功能与优势包括创建应用流程简单，为应用进行全生命周期的支持与管理，指导和帮助开发者尽快通过应用审核，多项认证支持，提升优质应用的辨识度，提供开放式检测和 A、B 测试等服务，指导和协助应用适应用户实际需求等。

4.4.5 总结说明

前面阐述了很多开发的基本概念、逻辑、原则等，大家如果阅读完了的话，是不是有想自己亲手实践的感觉了，想自己开发一个鸿蒙操作系统的元程序。

一个完整的鸿蒙操作系统应用服务程序，在功能规划、UI 设计、UE 互动交互、功能开发实现即 Ability 的分布式组合应用实现、提交审核的类目确认、提交流程各个环节规则的遵循与资质齐全等方面全部没有任何问题，才能上架到鸿蒙官方指定的场景、设备中。到笔者创作完本书为止，整个分发流程和规则，是应用原有的华为应用分发流程和管理规则，笔者相信，基于鸿蒙操作系统的元程序应用服务后续会有新的发布流程和管理规则。因为鸿蒙操作系统元程序是一个新事物，并不能被原有的各种概念、规则所界定，所以，一定要有新的适合基于未来、全场景、分布式的分发管理体系。

4.5 鸿蒙应用服务运营体系

4.5.1 数字智慧化

鸿蒙操作系统志在万物互联，将 1+8+N 设备也就是人们生活、工作各方面常用的设备联网、智能化，形成面对用户生活、工作、事业场景使用各种设备和应用服务像使用一个终端设备比如手机一样方便。这对于软件应用服务的创新与发展，有非常大的促进作用。鸿蒙操作系统使每个智能硬件设备都可以通过软件应用的升级不断调整优化、扩充各项功能、提升用户体验，软件应用服务的功能、功效和运营方式都在被重新定义。

鸿蒙操作系统应用实施一次开发，多设备部署；应用在各设备之间的功能作用可以互补、互助、协调，无缝流转；应用和设备的互动沟通更加智能化，更加丰富化和细腻化；通过各种终端设备和用户进行互动沟通并完成各项用户需求的场景任务。所有设备的联网让各种数据进行汇总，以前联网的设备主要是手机、计算机、平板电脑、电视等有限的设备，现在联网的设备渗透到社会的各个场景，那么收集数据的广度、深度、速度等会和以前完全不在一个量级。基于数据的云计算存储、大数据分析、5G与人工智能的支持，让我们的应用服务成为一个数字化的智慧指挥中心，具备不断学习、成长、反馈、调整的各项功能。

现在，各项产品、服务等都基于“云”来发展。当然5G、边缘计算、人工智能等同时代技术创新的发展，让数字化经营越来越成为事实。

笔者认为，现在及将来，个人、企业、各种组织，都在有意无意中开始数字智慧化经营；要么数字化、要么被淘汰，这是一个必然的趋势。

基于前面对鸿蒙操作系统及其应用的各项分析，笔者认为基于鸿蒙操作系统的应用服务，就是个人、企业、组织等数字智慧化表现的最佳形式。

接下来将以企业为例子，详细分析数据资产、数据化运营的重要性，还有基于鸿蒙操作系统的应用作为个人、企业、组织的数据化运营中心应该如何具体实践等。

笔者将企业资产分为有形资产与无形资产。有形资产包括厂房、生产线、办公场所等，所有有形资产都在不停地折旧。无形资产包括专利、商标、著作权、商誉、员工头脑与自有的各种知识，以及资源、用户、合作伙伴等各种关系与信息资料，这部分资产是越用越值钱的。

无形资产是企业核心竞争力、企业核心优势的具体体现，是决定有形资产效用的关键因素。企业的经营过程从无形资产和数据资产角度来讲，其实就是数据资产和数据遗产的持续开发、积累、增值、存储、保护、应用、永续继承的过程。其中，鸿蒙操作系统中的软总线、软件定义硬件，也可以理解为无形资产、数字资产控制和升级有形设备的过程。

无形资产在绝大部分企业中现有的存储表现形式主要分为两类：一类是非网络化，比如员工头脑中的各种信息与资源、纸质、本子、计算机上记录与存储的各种资料、报纸、杂志、户外广告、楼宇、移动电视等企业的各种宣传记录。另一类是网络化，局域网如企业内部管理系统里的材料、互联网如各种第三方平台的信息材料、移动互联网和物联网上企业的各种足迹等。

无形资产整体网络化存储、管理与运用被称为数据资产。在这个转化过程中，企业需要遵循一些基本原理并借助一些工具来实现企业数据资产的积累、运用、增值、展现、传播、存储、重组、系统管理等来提升企业综合竞争力，提升企业所有资产的效益。

当企业的数据资产发生继承或者传承行为时，就转化为数据遗产。总之，数据资产能永续传承、积累与增值。

随着人类对物质的把控能力不断增强，企业与企业之间的竞争关键是软实力的竞争，即在物质基础上数据资产的拥有、积累、保存与合理高效应用的竞争。其他所有资产在不停地折旧，而企业的数据资产却在不断积累、增值、丰富与完善，不断创造出新的东西，企业的数据资产越用越值钱。

数字化运营的优势具体包括比如很好地进行用户终身价值管理、使用的边际成本递减、打破地区和大小等对企业的限制，数字资产使用越多越值钱等。所以，转型升级不仅仅是物质上的投入，如果我们建立数据资产、数字化经营的新思维，将企业进行数字化经营，那也会是一种很有意义、很有效果的创新。

第4章
鸿蒙应用服务创新

当笔者在2012年开始实践“企业云品牌战略”时，其实就是企业数字化经营，那时国内的云计算才刚刚萌芽。物联网、大数据经营也是在一些非常细分的领域尝试，各种传统的网站、客户端应用也在积极尝试，人工智能的概念也在研究实际应用领域探索。当时笔者及团队首先要面对的就是手机、计算机、平板电脑各种联网设备之间，不同应用功能、版本的开发和传播问题，以及对各种网站、客户端、各种三方传播经营的网络平台和线下资源如何进行数据汇总、数据分析、数据经营等问题。并且，当时的云品牌运营只能在单纯的软件应用层面进行，技术更新速度太快、各个应用的寿命长短不一；很多企业的云品牌还没有建立，数据运营中心还没有产生效益，其所依托的技术和应用平台或许就已经消亡。

鸿蒙生态从芯片到操作系统，从5G联网到华为云、人工智能、大数据底层构建了基于未来、全场景、分布式的全新万物互联智能世界基础底座支撑发展体系。现在的时间节点处于刚刚发展的阶段，代表着未来整体技术发展趋势，并会不断优化升级。这些已经完整解决了笔者前期在做企业云品牌战略服务时遇到的各种基础性建设、基础性技术、基础性硬件软件一体化支撑体系的问题。

所以，笔者认为后续个人、家庭、各种商业组织、企业等，都会有对应的数字智慧化经营平台，否则无法经营。数字智慧化经营最佳的表现形式，就是鸿蒙操作系统的软件应用服务。

4.5.2 需求与名称

基于鸿蒙操作系统的应用按照我们前面的分析，是丰富多彩、覆盖方方面面的。在这方面的切入，首先要从我们服务对象的需求和我们自身的实际情况入手分析。首先要考虑我们是做一个设备控制类应用，还是基于企业、组织现有业务进行与数据化运营相匹配的软件应用服务，还是全新的基于鸿蒙操作系统新生态的系统软件，还是做应用软件服务开发，比如基于鸿蒙操作系统的输入法、浏览器、办公软件、日常管理、社交、音乐等各方面的新应用开发。笔者在本章节的讨论主要是根据应用软件服务的策划、开发、运营来进行阐述的。

当我们确认了参与的应用服务领域后，首要的就是名称确认及基于名称的各项商标注册保护工作。

从 PC 互联网、移动互联网的发展历程可以看出，名称很多时候就是流量入口的关键环节。比如 PC 互联网时期的域名、移动互联网客户端下载时的名称引导和各种平台上内容搜索主要依赖的关键词等。软件应用名称及保护机制往往成了先入者的护城河。

当然，在万物互联智能时代用户的习惯也在不断地变化，各种应用的入口除了文字名称、符号和关键词外，语音、照片、视频、使用习惯分析推荐等会使流量入口多元化。但各种入口方式，最终还是归在唯一的称谓上。所以，名称的选取，是软件应用服务第一位考虑的因素。

应用软件服务的名称相当于我们在鸿蒙操作系统生态里的门牌号，简单、易记的名称，是我们在鸿蒙操作系统生态里建立信誉、优势、赢得更多机会的第一步。

在此笔者整理了名称选择的三要素。当然，这三要素是在遵循鸿蒙官方关于软件应用命名规范的基础上来应用的。一是简单、易记、逻辑性强，最好是通用词、通用名称，与产品名称、企业商标吻合，根据软件应用的性质、用途选择；二是确定名称后，需要把和名称相关联的前后缀加词、各种不同的语言版本等名称进行注册和保护，用来确保品牌的唯一性，这样也可以让用户更加容易找到我们；三是名称一旦确认，要注意及时维护、及时更新应用软程序，因为很多时候，用户和合作伙伴就是基于我们名称的应用软件服务来和我们沟通互动与交易的，如果不维护好，导致名称受损、注销或被他人所引用等，会给我们带来不少损失和麻烦。

4.5.3 功能与类目

接下来，我们要讨论鸿蒙软件应用服务的功能和类目了。本部分在应用软件开发里有详细的讨论，包括用户协议、隐私申明、注册登录、各项授权安全保护等通用的功能和设计。作为软件应用服务提供者，更多的是要考虑基于特定领域的软件应用服务要实现哪些功能，鸿蒙操作系统底层逐步为我们提供了史无前例的各种接口和功能支持。

所以，这个整体的逻辑包括要以我们服务的对象、需要的具体应用软件要实现的各项操作为基础，参考各项传统软件、互联网网站、移动应用已经实现的各项能力与用户数量及用户使用情况，再根据鸿蒙操作系统基于全场景、分布式特征的各项技术支持情况与各项技术开放的节奏来综合选择。笔者建议从简单的功能和需求开始，以逐步迭代升级的方式进行。不要一下子规划一个庞大的或者永远无法完工的软件应用开发工程，就如我们前面所述，表现出来的一定是轻应用的方式。

所有开发的软件应用服务，最终目标是要用户去使用及用户使用的满意情况决定其命运。这中间就涉及鸿蒙操作系统对应用功能实现后的上架分发要求。鸿蒙操作系统对现在要上架的各项软件应用服务是有具体的分类要求的，从原则上来讲，只有符合分类要求的软件应用服务才能进行上架分发并让用户去使用。

在每个类目中，除了对软件应用服务的功能有相关的要求，有些类目还需要各项资质证件与前置性的政府等审批文件内容。这些需要软件应用提供者提前知晓。

现有的应用处于各项软件应用发展的前期阶段，我们从鸿蒙操作系统的分类中明显可以看出，现正在引导一些使用量非常大、非常基础的软件应用来上架；笔者认为类目和各项要求是会随着鸿蒙操作系统发展的步骤逐步调整的。

鸿蒙操作系统基于未来、全场景、分布式，这个发展空间和时间范畴要远远大于我们已知的世界的各项机会。所以，各位有意向在鸿蒙操作系统软件应用服务领域有所作为的读者，可以放开自己的脑洞，大胆创新和想象，你的软件应用服务会让世界变得更加美好，让社会更进步。

4.5.4 存储与智能

技术在不断创新与发展，基于鸿蒙操作系统的软件应用服务在获得云计算、大数据分析及人工智能算法方面更加容易和便捷。

云计算、大数据、人工智能等新技术的发展和规模化，不仅给大的组织体系赋能，还给予很多新的中小微软件应用服务创业者能量。这让他们专注于业务层面的软件应用服务创新、功能、用户交互与体验等，各项底层的基础性技术按需所取就行，既降低了大家的成本，又提高了使用效率，更增强了软件应用的技术服务实力。

软件应用服务的提供者要考虑数据的存储，数据的安全，软件应用使用的人数、频次、速度对存储的各项要求，数据的综合运用等；包括大数据分析、人工智能等，由于智能物联网对延迟等各方面技术的要求更高，所以，在存储方面比如边缘存储计算技术的引用也成为现实。

数据存储、智能支持的各项配置及服务商的选择等对软件应用开发者们尤其重要。就是前面讨论的数据运营中心将放置在何处、数据运营中心的各项能力能否完全支持在鸿蒙操作系统上发展计划的需要等。

当然，笔者在此首位推荐的肯定是华为提供的各项技术支持，比如华为云、华为人工智能的各项服务等。毕竟鸿蒙操作系统诞生于华为，各项现有的技术匹配及未来的发展规划等在实际操作使用的过程中会更加吻合。对于国内外其他优秀的存储智能技术提供者，鸿蒙操作系统也是全面技术对接、融合与支持的。

4.5.5 开发团队管理

具体应用的开发，是需要团队协作完成的。团队成员包括产品经理、策划设计、UI 设计师、UE 设计师、前端开发工程师、后端开发工程师、测试工程师、服务器工程师、运营推广人员等。

前面阐述的各项规划等内容，主要是软件应用发起者及产品经理、策划设计团队来完成的，要对需求、软件应用呈现的样式、主要要实现的各项功能、存储服务发展的计划等有一个综合的计划方案。后续的 UIUE 团队会从界面设计互动，前端开发工程师将使页面各项互动效果呈现实现，后端开发工程师会从接口开发调用实现各项功能，测试工程师需要对开发出来的各项内容进行各种维度的检查、反馈，服务器工程师需要对相应的服务器配置进行设置和规划，运营推广人员需要根据软件应用的发展阶段对用户数量、用户使用频次、用户时长等进行推广跟踪与服务等。

就笔者所知，国内有名的两款应用，比如微信和抖音，其创始的开发团队并不全是顶级高手，刚开始各方面的人员配置也不是非常完善的。团队是在软件应用不断开发升级中逐步强大起来的，在发展前期很多的软件应用开发团队都是身兼数职的。

开发团队的具体内容管理包括创意设计素材产生与保存机制、代码开发要求和管理规范、软件应用版本推进流程与核对制度、数据管理规范、团队成员的保密范畴规定等。

数据化运营是现在和将来、个人、家庭、企业、组织的必然现实。以企业商业经营为例，笔者当时预测要么云品牌，要么无品牌；现在，企业经营要么数字化，要么被淘汰。那么在这种形势下，当所有的企业负责人决定在鸿蒙操作系统上进行软件应用服务的发展时，数字化运营的知识与实践将成为通用的基础科目。各个软件应用提供者的决策人及团队需要对软件应用开发运营的各项工作非常了解；软件应用服务的产品经理属于公司最高层直属领导；软件应用开发运营部门和企业其他各个部门之间不再是并列关系或者处于某个职能部门的管辖，而是处于企业等所有的基础服务体系中，是企业组织的战略最高层要关注的内容。

对很多中小微创业者来说，也许软件应用就是他们业务的全部承载者，他们本身必须是产品经理或者数字化运营的首席执行官。

4.5.6 传播与迭代

一项优秀的软件应用服务，一定是符合社会、市场、用户需求，方便用户使用的，甚至是基于时代技术创新的发展，引领着用户向更加美好的领域迁移的；比如基于全场景、分布式的鸿蒙操作系统各项元程序、元服务的出现与发展等。笔者认为优秀的软件应用服务在一个良好的环境和体系下本身就具备传播性。

当然，从 PC 互联网、移动互联网体系来讲，现在的各项网站、客户端传播成本都很高，用户获取难度在不断增加。

鸿蒙操作系统的各项软件应用服务基于华为原有的全球分发渠道和用户基础，而在笔者创作本书期间也还处于鸿蒙操作系统发展的初级阶段。所以笔者认为各项软件应用服务的先行先试，既站在巨人的肩上前行，同时又能享受到伟大事情发生前期的各项红利。

当然，市场与用户需求并不是从开发者团队的经验和想象中获取，而是需要经过时间和市场调研才能了解。比如应用服务在分发时有 A、B 测试，软件应用服务开发团队需要根据用户使用数据的反馈不断地调整、优化、迭代升级。

软件应用服务的传播，包括各种宣传营销的手段和方法。免费的比如和各种软件应用相互推广或取的名字好自带流量等，付费的比如通过应用分发市场投放广告、在其他软件应用平台上投放广告等。线上的各种应用用户入口优化，线上各项自动传播功能优化，应用界面、菜单栏、按钮、交互方式的不断调整；线下举办各种活动、按地域进行人员宣传等。

一个优秀的软件应用不是一蹴而就的，是需要持续的迭代升级，综合应用各种传播方案根据用户需求不断优化和调整而成功的。

每个软件应用开发者团队，要根据自身的实力、要达成的发展目标及前所述的各项因素等，制定自己的传播迭代升级方案。

4.5.7 应用服务生态

每个基于鸿蒙操作系统的软件应用服务，都是一个数据运营中心，都属于鸿蒙操作系统万物互联智能世界生态的一部分；同时，每个软件应用服务自身也是一个独立的生态体系。PC互联网、移动互联网时代诞生了很多世界级的软件应用巨头，当然也产生了很多小而美的各种网站与客户端，他们为社会信息化、数字化发展做出了巨大贡献，也获得了巨大的发展机遇与财富。

那么，在基于未来、全场景的更加宏伟的万物互联智能世界中，肯定会诞生更多更加有价值的软件应用服务。所以，基于鸿蒙操作系统的智能设备企业、厂商围绕每项应用服务，都会有自己的生态。

人类优秀精华知识汇总的生态、社区、价值、资产管理与品牌监测等理论与实践，也同样适合于每项鸿蒙操作系统的软件应用服务使用和发挥。

软件应用服务开发者及团队也要从自己的生态角度来思考，包括鸿蒙操作系统新的发展战略与实践对股东、公司内部的员工、用户、策略伙伴、代言人、政府管理部门等的综合影响。需要以社区管理的方式，来形成用户与软件应用服务、用户与用户、核心用户群体及如前面描述的生态相关利益相关者形成不同的社区互动沟通合作模式。对软件应用服务的价值从各个维度维护和发掘，比如市场、用户、企业、外部环境维度等；对新形成的企业资产特别是数据资产，从软件应用知名、认知、联想情况与品牌忠诚度等方面提升。在万物互联的智慧世界中，时刻对软件应用服务的各项功能、用户使用情况等进行监测与实时反馈已经成为现实。

构建一个软件应用服务生态，既有巨大的机遇与价值，又面临着很多的挑战，基于鸿蒙操作系统软件应用服务的成功发展，只有吸收各种智慧的综合应用，才能确保在这轮大的科技浪潮之中处于所在行业与领域的浪潮之巅。

第5章 OpenHarmony与鸿蒙发行版

5.1 关于开源

5.1.1 开源与开放

从整体上来讲，本章的专业性与针对性比较强，从传统意义上来讲，属于想参与开源贡献与发行版运行的公司、组织与开发者需要熟悉的内容，属于“少数人的特权知识和发展领域”。笔者尽量将很多专业的词汇和内容进行调整，让更多读者能了解开源和发行版相关的事项，让大家能更加全面地了解鸿蒙操作系统的各个方面，也为更多想深度参与的人提供引导。

鸿蒙操作系统会逐步全面、全程进行开源，本部分内容在第1章中也有详细说明。

之所以选择开源，一定是开源、开放，相比闭源、封闭更具有优势且更适合鸿蒙操作系统未来的发展。从软件发展历史来看，一些成功的开源软件都有着基于发行版的出现与繁荣。所以，本章把开源与发行版汇总起来阐述，由于这个领域的专业性，我们先简单阐述一下软件与开源的相关概念。

1. 软件与开源

软件赋能硬件产品能实现更多的功能，包括系统软件、应用软件等。系统软件如操作系统，应用软件如各项本地软件、网站、客户端等，比如我们通过计算机上的办公软件处理各项工作事务，打开各种网站获取知识、购买商品，通过手机玩游戏、导航等。

随着信息化水平的不断提升，人们对计算机、手机等联网设备和网络的依赖性随之增加。这也同样推动着软件的蓬勃发展，包括本地的、网站版本的、客户端版本的各种软件越来越多样化，并且诞生了很多世界级的超级应用。当然，在操作系统上或者在超级应用基础上，还有很多小而美的软件。

随着软件的发展，底层技术的发展出现了两种趋势：一是闭源，软件的源代码不公开，由专属团队开发推进；二是开源的方式。

开源软件，就是把软件程序与源代码等文件一起给用户，用户可不受限制地使用该软件的全部功能，还可以修改源代码，通过二次及多次开发等方式编制自己的生产品再发布出去。

开源系统在各种操作系统、多种开发语言、嵌入式物联网硬件配套的软件服务等方面都有杰出作品产生，至今已有数十年的发展历程。

2. 开源的特征

由于开源系统的开放性、自发性、参与人员的多样性及参与者的兴趣驱动，通过社区公平公正管理推动等原因，让开源软件具备了低成本、高质量、公开透明、适合个性化开发等优势。

当然，开源系统也面临着各项挑战。比如需要有足够多的开发者、参与者来推动发展，需要更多的使用者不断反馈、完善、拉动其良性发展，在安装开源软件时需要更多的技术与经验等。

我们从开源的优劣势分析中，可以看出鸿蒙操作系统在选择开源及其发展过程中可能会遇到一些挑战。

5.1.2 开源协议与开源贡献协议

开源软件在具备安全、公开、自由等优势的同时，需要很多工程师、开发者参与贡献才能蓬勃发展。所以，如果参与者的利益没有得到保障，那么大家参与的动力就很难持续，因此，世界上现在有很多种被开源促进组织认可的开源许可协议，为的是保证开源工作者们的权益。

1. 开源协议与OpenHarmony的选择

开源协议规定了我们在使用开源软件时的权责利等，是所有参与者的基本约定与管理规范。虽然其在所有国家和地区不一定具备通用的法律效力，但当涉及相关纠纷时，它也是非常重要的证据之一。

世界上的开源协议有很多，如何选择开源协议，特别是公司、团队层面的商业软件开发，对所依的技术开源软件源头协议的了解最为重要。

我们重点了解一下Apache License Version（简称Apache许可证版本协议），因为OpenHarmony采用的就是 Apache License Version 2.0 和 January 2004。

Apache 协议中规定开发者可以修改源代码，再发布代码。协议规定的主要内容包括：该软件二次及多次开发、发布等产品必须依旧使用该协议；需要在文档中进行声明修改了哪些程序源代码；基于他人的源代码进行开发，需要保留原来所有作者声明的信息。

Apache License Version 2.0 和 January 2004 具有便于商业发展、兼顾规范管理、现有不少世界级应用软件在使用、人气非常旺等优势，基于鸿蒙操作系统的全球化发展视野，OpenHarmony 才选择了它。

2. OpenHarmony 的开源贡献协议

阐述完开源协议，我们接着来讨论开源贡献协议。我们先来介绍几个参与开源及在开源平台上常用的单词、单词缩写和含义，包括 Star，Fork，PR 等。Star 表示赞赏、奖励；Fork 指复制别人的代码到自己的代码仓库项目中，进行使用或二次开发；Pull requests（简称 PR），指 Fork 复制之后，如果希望将自己的修改贡献到原始代码中，可以使用 PR 推送请求到原来的仓库中，然后，原始代码的作者根据你提交的内容考虑是否收入源代码。

从事开源贡献的开发者可能会注意到某些开源项目在提交 PR 前需要先签署 CLA，只有签署了 CLA，PR 才可以合并。CLA 就属于开源贡献协议的一种。在码云 Gitee 平台参与 OpenHarmony，进行贡献，就需要 CLA。

开源贡献协议可以理解为对开源协议的补充。CLA 一般分为公司和个人级别，公司级别即代表着全公司员工签署。CLA 总体包含关于签署的主体和贡献的具体概念、专利许可的授予、原创作品保障、免责描述及一些个性化的内容等。

CLA 属于一次性签署，法律义务明确，公司或组织可自行定义协议相关的内容；大型国际性开源项目使用者居多，利于项目正规和长远发展。如果开源项目有公司与公司间的合作或者要贡献给基金会等，为了防范法律风险，需要使用 CLA。

通过以上阐述，我们可以看出 OpenHarmony 采用 CLA，是因为代码贡献给了基金会，构建万物互联的智能世界肯定需要跨国发展，这样会有大量的商业发展机遇。

5.1.3 开源代码托管平台

网络化的高速发展让越来越多的开发者加入。开发者写代码是每日工作的主要内容，因此，打造一个好的代码开发、管理环境是改善开发者工作体验的重要环节。

然而，在实际开发过程中由于众多的参与人员、复杂的代码更新等为代码管理带来了挑战，因此，代码托管服务成为开发者协同工作的重要工具。同时，很多开源项目放在了各种代码托管平台上，让广大的开发者更加方便地参与贡献。

国际上流行的代码托管平台有 GitHub、GitLab 等，我们重点来分析一下中国主要的代码托管服务平台码云 Gitee。码云 Gitee 是深圳市奥思网络科技有限公司于2013年开始建立的综合性云开发平台，它为开发者提供团队协作，源代码托管，代码质量分析、评审、测试、演示等功能。当然，中国除了码云 Gitee，华为、阿里巴巴、百度、腾讯都有代码托管平台。

OpenHarmony 在码云 Gitee 和华为开源平台都有进行托管，并和全球开发者进行互动与共同发展，如图 5-1 和图 5-2 所示。

图 5-1　码云 Gitee 代码托管服务平台 OpenHarmony 项目首页部分截图

图 5-2　华为开源平台 OpenHarmony 项目首页部分截图

5.2 OpenHarmony

5.2.1 开放原子开源基金会

关于 OpenHarmony 与开放原子开源基金会，我们在第 1 章中关于鸿蒙属于谁的问题有过阐述。本节详细阐述 OpenHarmony 的相关事项。

2020 年 9 月 10 日，华为在开发者大会上宣布将 OpenHarmony 捐献给开放原子开源基金会。OpenHarmony 是大会上宣布正式开源鸿蒙操作系统 2.0 的项目名，定位是一款面向全场景的开源分布式操作系统。

开放原子开源基金会孵化项目还包括其他互联网、物联网公司的一些开源软件项目。根据其官方材料介绍，开放原子开源基金会是在中华人民共和国民政部登记注册，旨在推动开源公益事业发展的非营利性、公益性；其业务范围包括开源软件、硬件、芯片、协议与内容等，为各类开源项目提供以中立的知识产权托管服务为基础，包括学术交流、国际合作、开源生态建设等开源相关的活动。

开放原子开源基金会由决策机构理事会、技术决策机构、技术监督委员会与执行机构秘书处来进行整体与日常运行。

在注册成为开放原子开源基金会开发者并加入具体的开源项目或工作组后，即可参与贡献。

开放原子开源基金会与捐赠人签订开源捐赠协议，并约定捐赠方式、资金用途及使用方式等，让所捐赠的知识产权及资金发挥应有的社会价值。捐赠人依照法律、行政法规的规定，可以享受税收优惠。

个人和组织通过捐赠资金或项目，可以成为开源基金会成员。开源基金会成员包括白金、金牌、银牌、一般捐赠人。所有捐赠人有共同的公共权益，另外，不同的捐赠人类型享受不同的权益。

开放原子开源基金会对中国的开源发展起着强大的推动作用。基金会的治理结构和法律保障让中国开源项目的发展更有信心，让商业公司的深度参与有了信任基础。这是开源鸿蒙操作系统健康发展的保障。

5.2.2 OpenHarmony

1. 鸿蒙操作系统的开源程度

软件开源有多种方式，或者可以说各自的开源程度不一样。有些只是部分版本开源或者通过版本开源的时间差来保持关键技术的领先优势；有些是版本开源，开发过程也开源，以让后续开发者和使用者更好地参与开源软件的发展过程；有些软件除了版本开源、开发过程开源，还通过建立公开的开源社区与管理机制，让共同参与的开发者按贡献程度享受完善的晋升通道，具有共建共赢的规则。

鸿蒙操作系统的开源方式是捐献给开放原子开源基金会进行孵化。其中包含了版本开源、开发过程开源、社区代码共建、贡献者晋升通道、开发治理组织机制整套体系，是完全开源的形式。

笔者认为鸿蒙生态成功的关键在于开发者的支持，仅靠华为远远不够，需要全产业链参与、共建、共创，碰撞出更多的价值场景。捐赠给开放原子开源基金会进行孵化，真正做强做大，需要“海纳百川”。

华为官方公布的材料显示，完全开源的节奏时间主要分成三个步骤。从2020年9月10日起进行第一个步骤，鸿蒙操作系统面向大屏、手表、车机等 128KB-128MB 终端硬件开源。2021年4月进行第二个步骤，面向内存 128MB-4GB 终端硬件开源，支持智能门锁、电饭煲、电源插座、电风扇等家居家电产品。

2021 年 10 月以后进行第三个步骤，将面向 4GB 以上所有硬件开源。

OpenHarmony 是华为捐献代码给开放原子开源基金会开源项目的名称，接下来，我们将以 Gitee 平台上 OpenHarmony 项目情况进行各项相关的介绍。

我们先来了解一下 OpenHarmony 在 Gitee 平台上的情况。由于本部分内容是 2021 年 1 月期间创作的，所有内容数据等均截止到 2021 年 1 月时的情况。笔者了解到的 OpenHarmony 属于 Gitee 平台上最有价值的开源项目之一。从图 5-3 中可以看到项目的具体发展情况，现有代码仓库 136 个，任务发起数 473 次，PR 即开发者代码修改后提交回申请审核数 748 次，成员 100 人，Star 即点赞 73000 次，Fork 即复制代码数 22000 次。

图 5-3　Gitee 平台 2021 年 1 月 13 日的 OpenHarmony 项目部分内容

从图 5-4 中可以了解到 OpenHarmony 获得 OSCHINA 深圳市

奥思网络科技有限公司组织的 2020 年度 OSC 中国开源项目评选优秀 Gitee 组织奖，2020 年度 OSC 中国开源项目评选优秀最佳人气奖，以及 OpenHarmony 紧密相关的方舟编译器也获得了 OSCHINA 组织的 2020 年度 OSC 中国开源项目评选优秀 Gitee 组织奖。

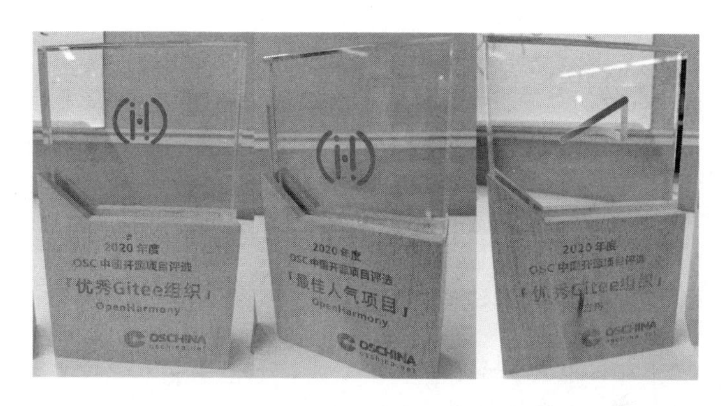

图 5-4　2020 年度 OSC 中国开源项目评选 OpenHarmony 及方舟编译器获奖项

2. 关于 OpenHarmony

OpenHarmony 是开放原子开源基金会所属的开源项目，是面向全场景开源的分布式操作系统。第一个版本支持 128KB-128MB 设备上运行，通过开源社区进行持续建设和发展。

其组件化设计体系，可以根据设备的特征和业务需求进行灵活裁剪，满足不同终端设备对操作系统的需求。其后续开源路径规划为 2021 年 4 月面向内存 128MB-4GB 终端设备开源，支持智能门锁、电饭煲、电源插座、电风扇等家居家电产品。2021 年 10 月以后将面向 4GB 以上所有设备开源。

3. OpenHarmony 社区

OpenHarmony 拥有自己的社区，通过社区进行开发者贡献指南与贡献协议签署、各项交流与具体贡献参与等内容。

其项目管理委员会负责开源鸿蒙操作系统社区管理，具体包括版本规划、技术架构指导与决策，保障社区安全，处理社区提交的各项 Bug，负责管理委员会和社区成员的选举、退出与协作机制等。

其项目管理委员会有规定的会议制度，确保信息通畅与项目推进工作的落实。管理机构的各项分工人员及联系方式在社区都有公示，开发者的相关问题等都可以与负责人沟通。

4. OpenHarmony 系统构成

在了解完社区体系后，我们开始阐述开源鸿蒙操作系统的主要系统构成情况。在笔者创作本书期间主要包括如下子系统内容：

一是主要和应用服务相关的子系统。主要包括 JavaScript 开发语言应用开发框架与用户程序框架，用户程序框架由 Ability 子系统与包管理子系统两部分组成；图形子系统包括 UI 组件等常用的主流应用功能组件；媒体子系统为视频、音频等多媒体应用开发提供了统一接口，方便他们应用业务逻辑的实现。

二是主要和智能硬件设备相关的子系统。主要包括 DFX 面向产品生命周期的设计，对不同硬件需求提供了组件化、可定制的框架体系；分布式任务调度实现跨设备组件管理，实现远程组件访问、控制，支持多情景下的各应用协同；分布式通信，实现近场设备间通信管理，提供分布式设备发现和传输接口；驱动子系统通过平台、内核解耦，兼容多种内核，提供底座服务，缩减驱动开发周期，降低三方设备驱动集成难度。

三是测试与安全相关的子系统。开源鸿蒙操作系统提供了生态认证测试套件的集合；在开发过程中采用测试驱动开发方式，协助开发者在开发阶段产出高质量代码；在安全方面，通过提供样例的方式让开发者参照使用已有的安全机制，包括安全启动、通信鉴权等。

四是基础和通用的模块与子系统。全球化资源管理子系统主要提供多语言相关的能力；公共基础库存放通用的基础组件，可被各相关的业务子系统及应用所调用。

开源鸿蒙操作系统内核是面向 IoT 领域的实时操作系统内核，它聚集了类似 RTOS 实时操作系统轻快和 Linux 易用的特征，包括进程和线程调度、内存管理、进程间通信机制等基础组件，启动恢复负责在内核启动之后、应用启动之前的系统中间层的运行。由于硬件平台多样性，需要屏蔽不同硬件架构、资源及运行形态的差异，提供统一化的系统服务开发框架。

五是不断增加和发展及笔者没有阐述的部分子系统。

5. 参与 OpenHarmony

接下来，我们阐述如何具体参与 OpenHarmony。

参与鸿蒙操作系统开源共建方式主要有两种：一是成为该项

目的群成员，具体参与方式是开放原子开源基金会根据项目发展的需求，有相应的政策与要求，适合企业参与；二是直接到社区贡献，社区贡献首先需要到 Gitee 平台注册账户、认证、熟悉账户使用功能等，个人和企业都可以。

开发者参与贡献，包括贡献代码与贡献文档等，在开始之前必须签署贡献者许可协议 CLA。

开源鸿蒙操作系统完全依赖于社区提供友好的开发和协作环境，所以，参与社区贡献必须遵守社区的行为守则，同时社区对违约者设置了举报投诉及处理机制。

社区还对开发者贡献的代码风格，即 OpenHarmony 编程规范进行了规定和明确，要求开发者进行代码开发、检视、测试等，以保持代码风格一致性。具体包括 C++语言编程规范、C 语言编程规范、JavaScript 语言编码规范、Python 语言编程规范等。

因第三方开源软件数量众多，社区开发者多且分布广，所以，在项目开发过程中需要应用各种第三方软件，为确保开源鸿蒙操作系统项目的质量。开发者若要引入新的第三方开源软件到本项目中，则必须遵循社区的《第三方开源软件引入指导》。

6. OpenHarmony 贡献流程

接下来，我们分析具体开发相关的一些事项。

代码贡献流程包括环境准备，代码下载、开发、提交、创建 PR 及把修改开发过的代码提交给原仓库审核或者通过 repo 脚本管理工具自动创建 PR 的方式实现、门禁构建与创建 Issue 任务、代码审查这几个环节。

环境准备包括 Git 开源的分布式版本控制系统的安装、环境配置及使用方法的熟悉，注册 SSH 安全协议公钥，在开展 Gitee 的工作之前开发者需要先在开源鸿蒙操作系统的代码托管平台上找到自己需要的 Repository 代码仓库。

代码下载主要是指从云上复制代码分支。找到并打开对应 Repository 代码仓库的首页，点击 Fork 复制按钮，按照指引建立一个属于开发者的云上 Fork 复制分支，把 Fork 复制仓下载到本地。开发者需要创建本地工作目录，以便本地代码的查找和管理。

在开发者对下载的代码进行自主的各项修改后，接着就是创建 PR，也可以通过 repo 脚本管理工具自动创建 PR 来实现。开发者通过访问自己在码云上的 Fork 仓页面，点击创建 Pull Request 按钮，选择 myfeature 分支生成 PR。

门禁构建与创建 Issue 任务，找到并打开对应 Repository 代码仓库的首页，选择 Issues 页签，点击新建 Issue 按钮，按照指引建立一个专属的任务，用于相关联的代码互动执行 CI 门禁。当创建 PR 或编译已有的 PR 时，可将 Issue 与 PR 关联，当然，Issue 与 PR 关联是有多项约束条件的。触发代码门禁，在 PR 中评论“start build”启动生产便可触发 CI 门禁。当多个 PR 关联同一 Issue 时，在任一 PR 中评论“start build”，都可触发 CI 门禁。门禁执行完成，会在该 Issue 关联的全部 PR 中自动评论门禁执行情况；如通过，则该 Issue 关联的全部 PR 均会自动标记

“测试通过”。

最后一个环节就是按照规范进行代码审查，通过者本次贡献完成才获得成功。

社区同时鼓励开发者以各种方式参与相关文档的反馈和贡献。开发者可以对现有社区文档进行评论、简单修改调整、反馈问题、原创等。优秀的贡献者将会获得开发者社区文档贡献专栏的表彰公示。

贡献文档需要对内容、版权特别注意，不得侵犯他人的知识产权。对应采纳的内容，社区有权根据相关规范修改。开发者要注意查看社区公布的贡献文档需要遵循的许可协议。社区对文档贡献是有写作规范要求的，具体包括命名、内容、标题、操作类与介绍性文档正文要求、图片、字体、色调、表格、代码等。开发者在正式创作前，需要详细了解社区的对本部分内容的说明。

7. OpenHarmony 社区沟通

OpenHarmony 社区提供了官方、并明确提示为正确的沟通交流方式，那就是开发者在遇到问题时，通过加入邮件群组参与讨论，反馈互动。

OpenHarmony 社区沟通的具体步骤主要包括两个环节：一是订阅邮件列表，如果开发者以前从未订阅过邮件列表，需要点击开发者想要订阅的邮件列表的名称，按提示进行订阅；二是发送邮件到邮件列表，开发者可以向社区公示的列表中列出的邮件地址发送需要讨论反馈的内容。这样所有在这个邮件列表中的社区成员都能收到，具体相关的邮箱与负责人列表在社区里都有明确的公示。

5.3 组件与鸿蒙发行版

5.3.1 组件与发行版

在和开源密切相关的商业行为中，重要的一个体系是基于某个开源软件的发行版生态。鸿蒙操作系统组件和发行版的繁荣发展过程，也是各项商业机会的呈现。关于发行版的介绍，我们先从组件概念开始阐述。

1. 关于组件

鸿蒙操作系统软件以 bundle 组件作为基本构成单位。从系统角度分析，运行在鸿蒙操作系统上的软件都可以称为组件。根据组件的应用范围，可以分为智能设备、系统、应用组件等；从形式上看，一切可以重复使用的模块都可称为组件，包括二进制、源代码、代码片段、发行版等。

组件的划分应尽可能遵循最小分离的原则，满足最大限度的复用要求。组件在划分时主要考虑独立性、耦合性与相关性。组件的依赖关系分为必选和可选两种形式。

组件构成的组件包，一般由代码或库即 src 目录下的代码文件；ohos_bundles 文件夹即存放依赖的组件，安装组件时自动生成，无须提交到代码库；说明文件 README.md；元数据声明文件 bundle.json 和开源许可文件 LICENSE 所组成。

组件是可以按版本进行发布的。版本需要有版本号，版本号命名规范包括名称需要为全小写字母、中间可以使用中划线或者下划线分隔。

为了使组件能被其他开发者使用，组件需要上传到远端仓库进行版本发布。发布组件需要用户账号登录，需要先拥有鸿蒙操作系统组件包的管理和分发工具的系统账号，并注册组织，申请组织认证通过后，才拥有发布的权限。

2. 关于发行版

分析完组件相关的内容，接下来分析发行版相关的事项。

发行版一般是指将一系列组件结合起来，编译成可以运行的鸿蒙操作系统解决方案镜像副本，里面包含了多个依赖的组件与相关说明的脚本。

定义一个全新的发行版所具有的各项功能过程是非常庞大的，所以系统允许对发行版进行继承，在现有功能的基础上实现快速定制。

3. 开发过程

接下来，我们来阐述如何开发鸿蒙操作系统组件和发行版，并通过命令行工具方式完成组件的创建、开发、编译、烧录、调试等开发过程。

Bundle 组件一般和一个代码仓库相对应，在代码的基础上增加组件包的说明文件、组件包元数据声明文件和开源许可文件。Distribution 发行版是由多个组件构成的，发行版是一个完整的系统，包含比如驱动、内核、框架、应用等，可以直接用于设备的烧录。

先是准备设备开发的开发板、主机计算机 Windows 工作台、Linux 服务器，并将三者按开发要求进行连接，安装 Node.js、JavaScript 开发语言运行环境和 HPM 命令行工具。

组件的全生命周期管理可以通过 HPM 命令工具进行操作。具体包括创建、安装、卸载、编译、打包、烧录等。每个环节都有对应的 HPM 命令进行操作管理。开发者还可以根据自己的喜好对默认配置进行修改。

下载鸿蒙操作系统代码，本章前面有详细描述，本处不再复述。

HPM 将常用开发工具如烧录、编译、压缩等打包成了需要安装开发依赖的组件。在开发者用命令安装这些时，系统将开发依赖的组件自动下载配置好，并且只需全局安装一次，有了这些开发工具组件，就可以开展常规源代码组件的开发工作了。

组件开发要创建鸿蒙操作系统组件，主要有如下几种方式：

（1）开发一个全新组件

如果现有的组件不能完全满足开发，开发者可以构建一个新的组件，并可发布到 HPM 的仓库中供大家使用。开发者根据自已需求，实现组件内部的功能代码，通过 git 将代码包括元数据声明文件 bundle.json 文件提交到如 Gitee 组件代码托管仓库中。

（2）将已有代码升级为组件

如果开发者已经有了代码，只是还不满足组件结构要求，需要改造成为 HPM 的组件包，在当前要改造的代码目录下，执行相关命令、操作等，就可以发布一个新的组件。

（3）通过模板快速创建组件

HPM 大量的模板均存储在服务器端。开发者可以使用命令从服务器端调用模板直接创建组件。

组件通过定义编译脚本与执行编译，可以检查编译的输出结果，然后就可以定义发行版。

发行版是将系列组件组合起来的，编译生成可以运行的鸿蒙操作系统解决方案，里面包含了较多依赖的组件及脚本，描述如何完整编译、链接这些组件的说明文档等。

在当前发行版根目录下，执行相关命令，工具会自动执行编译，打包操作，生成镜像副本文件，进行发行。

烧录就是把想要的数据代码等通过相关工具植入硬件中，发行版的编译结果可以烧录到设备中运行，比如使用 Hiburn 海思的一个烧录工具进行烧录。在发行版的元数据声明文件 bundle.json 中配置烧录参数。

将发行版的镜像副本烧录到设备后，就可以启动运行调试了。

5.3.2 HPM

HPM（全称 HarmonyOS Package Manager），即鸿蒙操作系统包管理器。HPM 主要是面向设备开发者，用于获取、定制鸿蒙操作系统源代码，执行安装、编译、打包、升级等开发相关工作的工具集。在各种软件的开发过程中均有广泛应用，从其诞生至今已经有十多年的发展历程。HPM 体现了软件开发领域的协作、便捷与自由；通过 HPM 每位开发者都可以将自己觉得有用的组件、软件发布到共用的空间，其他所有关联开发者都可以便捷地按需取用。

HPM 要解决的问题是全场景、万物互联。各项智能设备面临开发工具繁多、环境配置复杂、设备形态多样、需要工具集进行各项开发相关配置体系管理等一系列问题。HPM 支持的部分组件情况如图 5-5 所示。

图 5-5　HPM 支持的部分组件情况

图 5-5　HPM 支持的部分组件情况（续）

从图 5-5 中可以看出，HPM 现在已经支持 90 多个组件，并且发展速度非常快。

从图 5-6 中可以了解到，HPM 展示了四个开源发行版。支持 BearPi-HM_Nano、Hi3518EV300、Hi3861、Hi3516DV300 的各项设备。

图 5-6　HPM 开源发行版部分内容

从图 5-7 中可以了解到 HPM 账户的相关情况。从图中可以看到开发者进行 HPM 注册认证流程，就可以创建自己的组织进行组件、发行版的开发等工作。

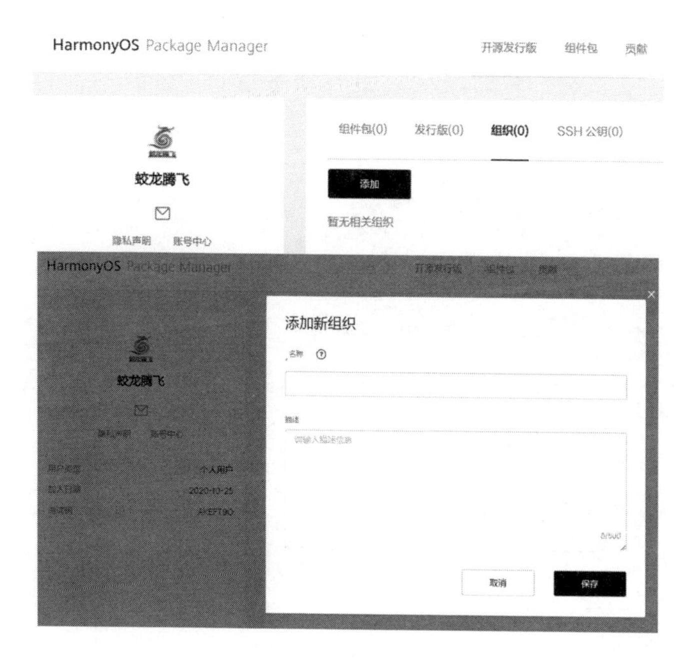

图 5-7　HPM 注册账户部分功能

从以上图中可以看出，HPM 相对于成熟的包管理工具来说，还有很大的发展空间。

前面详细谈到开发者在 Gitee 等代码托管服务平台可以进行的各项贡献，那么，这些代码托管服务平台和 HPM 是什么样的关系呢？这是参与者需要明确的一些流程。笔者根据鸿蒙官方公开活动宣讲的内容与自身实践等汇总整理如下。

开发者对鸿蒙操作系统的参与贡献等，可以通过代码或者任务的形式先在 Gitee 平台、OpenHarmony 代码仓库等进行提交、开发、调整。在 OpenHarmony 代码仓库形成组建、发行版、解决方案后，再发布到 HPM 组件仓库。根据鸿蒙官方公示的材料，鸿蒙操作系统将遵循开放、平等、透明、纯净等原则，通过实名注册、企业认证、内容审核等保障高质量的组件和解决方案，让 HPM 健康持续快速发展。

当然，HPM 的发展与繁荣，需要更多的软件包供应商、解决方案开发商、设备开发者参与。

HPM 官方为贡献的开发者们具体提供了三种参与方式，充分考虑到了开发者们的各项付出与发展利益，开发者们可以根据自己的需求选择开源或者闭源等方式。具体阐述如下。

一是通过开源方式分发源代码、二进制贡献到开源鸿蒙操作系统 SIG 开源代码库进行孵化，经过 PMC 产品管理控制审核后合入本项目代码仓主干，同时将源代码、二进制形成组件、发行版的方式分发到 HPM。

二是开发者也可以采用不开源的方式，分发二进制到 OpenHarmony 代码仓，再将二进制分发到 HPM。

三是采用不开源、授权分发二进制的方式到开发者 Gitee 自建仓库中，再授权二进制分发到 HPM。

以上方式分发的内容，都需要通过 HPM 的安全性、内容健康扫描、规范检查等审核后才能进入相应的组件仓库，通过 HPM 进行发布。

如前所述，很多包管理工具已经非常好用，“临渊羡鱼，不如退而结网”，我们共同参与，一起让 HPM 成为世界一流的开发者管理工具体系岂不是更加有意义。笔者也坚信鸿蒙操作系统的发展空间和速度都会超越以前的各项传统的操作系统，参与的过程一定会伴随着成长、喜悦与满满的收获。

通过 HPM 进行组件等的开发需要尊重一个基本科学的流程，包括选择设备、开发板或者硬件模组平台；根据平台准备开发环境包括服务器、本地计算机及各种配套的软件的安装；再通过 HPM 进行组件、发行版等的安装、编译；将编译结果烧录到对应的开发板上进行测试；打包发布。具体的开发细节可以详见 HPM 官方材料。

基于笔者前面所述的发行版成功案例创造了巨大的财富与各项机会，HPM 中的组件、发行版、解决方案和参与者的商业化运行直接相关联，所以，关于 HPM 的相关的组织命名规范、提交的软件包内容要求、HPM 用户参与者行为规范及发生侵权投诉通知和反通知流程等，HPM 都有明确的规定。这些管理制度与规范具体包括《组织命名规范》《软件包内容规范》《HPM 用户行为规范》《侵权投诉通知和反通知流程》等，这些文件规范是想参与的公司、组织、决策人、产品经理、工程师、运营策划人员等需要知晓和熟悉的基本内容。由于篇幅的限制，需要或想深度参与的读者可详见鸿蒙官方网站的材料。

恭喜读完本章节的读者，你们完整地了解了软件开源、组件与发行版的“高深的技术知识与实践”。接下来，让我们一起进入万物互联智能世界的场景时代吧！

第 6 章
鸿蒙场景、生态与社会影响

6.1 鸿蒙智能全场景

6.1.1 关于场景

词典中对“场景”解释为戏剧、影视剧中的场面，或泛指情景。曾经畅销美国的科技类书籍《即将到来的场景时代》中文翻译版本封面的导语是“了解场景，就站在了风口上；谁能占据场景，就能赢得未来”。书中体现场景的单词为“context”，含义为“你在哪儿，你和谁在一起或者你在干什么”，笔者理解其含义为特定的时间所发生或出现的各项事物就是场景或情景了。每个人时刻都在不同的场景之中，包括家庭、出行、社交场景等，也可以说各种场景组成了这个丰富多彩的世界。

6.1.2 智能物联全场景体验

在华为深圳卓悦中心智能生活馆旗舰店开业期间，其最大创新之一是采用了“场景化”的产品组合呈现，即通过产品组合搭配形成智慧互联的移动办公、智能家居、运动健康、智慧出行、影音娱乐等生活场景，让消费者在具体的场景中感受全新全智能化的各项体验。

华为消费者业务正在打造全球领先的消费者全场景智慧生活体验与坚持全场景智能生态战略。

《即将到来的场景时代》中断言“未来的25年，互联网将进入新的时代——场景时代”，笔者认同场景的到来，每个人在不同的场景之中，需要不同的感知和服务。但是本章要讨论的是万物互联智能世界中鸿蒙操作系统在各个场景的应用，这不是简单的互联网的延伸，也不是移动互联网的发展，而是包含芯片、模组、器件的创新，5G、Wi-Fi 6、NFC等连接能力的提升，手机、计算机、平板电脑、音箱、耳机、电视、车机、虚拟现实设备、眼镜、路由器、智能家居、智能家电等众多智能设备的接入与感知，基于未来、全场景、分布式的智能物联网操作系统及各项软件应用服务,云计算、边缘计算、大数据分析、人工智能支持等，这些构成了全新的万物互联智慧世界的场景时代。

6.1.3 鸿蒙场景的特征

本章的内容其实是对本书前面所有内容的综合实践呈现。需要把前面五章的内容进行汇总融合，阐述其在实际生活、工作的具体场景中鸿蒙的各项价值。本章的相关内容在前面五章中是有阐述和呈现的。

所以，笔者认为鸿蒙场景的特征是多设备配合、多应用融合、以人为中心的。本节只对这三方面进行分析，后续内容中会对各项特征与传统各场景变革等进行详细的阐述。

万物智能互联在每一个现实场景中，围绕在我们身边的各项智能设备和端侧计算、远程的云计算甚至远程的设备，为我们在这个情境中的各项需求进行充分的满足与实现。比如我们后面要讨论的智能家居，人在房间的时候，是灯、空调、电视等多项设备协同工作营造我们所想的最佳空间环境的。

前面在分析鸿蒙应用服务程序环节时，重点阐述了鸿蒙元程序的可分可组合，可以按照设备、场景需求来调配各项能力，实现最佳的功能。同时，在一定的场景中我们所需要调用参与的应用服务也是多样的，比如我们在后面描述智慧出行时，自动驾驶、娱乐应用或者办公应用是同时在为我们服务的，鸿蒙应用给我们的场景服务是立体的、多维的。

笔者认为，科技只有与人文结合，才能体现出价值。所有的智能设备、应用服务综合协调，都是在围绕着更好地为用户服务进行的。无论是在有人的场景之间的联动，还是现场无人的场景下执行的各项任务，都以人的意志为源头驱动，以人为中心，以人们更好地适应、掌控自然为基础来推动。

6.2 各场景尝试与畅想

6.2.1 智能家居

在创作本书期间，我特意对一位对智能家居非常感兴趣的朋友陈伟鸿先生进行了采访和沟通，因为我有几次都听到他在说换智能锁之类的事情。他非常热情地接待了我并和我分享他的经历。大概从五年前开始他就开始在家里配置各种智能设备，比如智能锁、路由器、扫地机器人、智能音箱等，他前期看到什么好的品牌产品就买。但是买回家后，就发现基本每个设备都需要下载安装客户端，并且客户端打开慢、功能复杂、使用不方便；不少智能设备连接与功能实现也不理想，售后服务也不是很到位。最让人头疼的是，他家里买了大概十种智能设备，这些智能设备无法得到统一管理和控制。

但是，这样也没有浇灭他对智能家居的热情，他说他后来逐步把所有的智能设备都换成了一个品牌，现在全部的智能硬件设备已经超过 40 种了。我问他使用情况怎么样，他说现在挺好的，挺适应的。一旦形成了新的依赖，就难以割舍，我们沟通的时候正好是深圳最冷的时候，他说已经习惯了用语音来控制灯、电视等，这比传统的一定要用手去解决这些问题舒适很多。

对于以上内容，笔者主要分析了智能家居市场的真实情况，一是许多家庭还没有感受到智能家居带来的各项美好体验，而现在市场上有些智能设备只是实现手机简单控制机器而已；大部分的智能家居只能实现单品智能或是单系统智能，不同品类之间相互割裂，无法形成统一的体验；更重要的是行业技术创新非常快，智能家居系统往往很难更新迭代，所以很多用户花较大的成本安装一套智能家居系统，不仅不能体验到真正的智能，智能家居系统还很快变为落后的技术。

笔者认为，智能家居的发展是一个从功能设备到智能单品再到全场景智能化的发展过程。

以前的家电更像是功能机，和以前的按键式手机一样，等你把开关按下就帮你实现各项具体功能。现在的部分家电实现了单机智能，就是从手机客户端到遥控器，通过手机的遥控去实现开关与各项功能，未来的家电是基于全屋的场景联动。

智能家居本质上是一个基于家居生活场景的互联互通的产品服务体系，让你有整体便捷、舒适、智能化的场景体验。

从表 6-1 中，可以看出智能家居基于鸿蒙操作系统的场景元素构成。

表 6-1　智能家居基于鸿蒙操作系统的场景元素构成

具体场景	包括回家、离家、起床、睡眠、客厅、卧室、娱乐等场景
用户体验	连接方便简单，多种交互方式，比如通过语音、触摸、手势等实现各设备可视可交流，各应用、各设备软件硬件服务可升级，紧跟和引领时尚潮流，全屋智能、一体化控制与互动，类似一个非常了解我们的生活管家团队 24 小时全心全意为我们服务
主要应用	各设备自动控制、智慧化功能实现及和手机相连后智慧化功能的实现，基于家庭中各种细分场景、各应用组合协同设备实现场景需求的应用，家居生活、家庭服务、娱乐等非基于设备的应用服务等

续表

操作系统	HarmonyOS、OpenHarmony
主要设备	手机、电视、音箱、摄像头、电视、灯、开关、洗衣机、马桶、镜子、窗帘、门锁、鱼箱、冰箱、空调、床铺、衣柜、沙发、抽油烟机、微波炉、烤箱、电饭煲、炒菜锅、酒柜、书柜、家庭药箱、摄像头、安防监控设备、净水器、空气净化器、小夜灯、紧急报警装置等

我们再来分析一下各个主要细分场景的情况。

从空间范畴来分析，主要是如下几个场景：智能厨房，包括抽油烟机、锅具、碗柜、冰箱、微波炉、酒柜等各项智能厨具的组合使用等；卫生间，包括智能马桶、智能异味祛除器、智能热水器等；智能卧室与客厅的床、灯光、电视、冰箱、鱼箱等的智慧化升级，甚至以后房屋的墙体都是基于智能设计与植入，部分房间的结构装修等可以自由设定，房间的格局可以通过墙体和手机相连，设计出新的布局后自动调整等。

另外，我们从人们的行为方式来分析各个细分场景。当我们回家开门时，房门会通过声音、指纹、面部或者手机控制等其中的一种方式开门，开门后自动联动打开灯。可以选择一键开启回家模式，家里的灯、窗帘打开，热水器自动启动。家里的智能设备是否在回家时启动，可以根据用户的喜好和天气等设置各种组合模式。系统有推荐的模式，也可以用户自己设定。

当我们需要看电视或者看电影时，可以使用智能音箱、遥控器、手机等开启影音娱乐模式，自动打开电视，关闭部分灯光及窗帘，营造舒适的观影环境。房间各智能设备也可以根据我们选择的观影模式进行配合，比如影院包房模式，电视和其他智能设备配合形成在影院的贵宾厅看电影的氛围。

当我们要睡觉时可以对手机或音箱说“灯都关了”或者“我要睡了”，房间所有灯会自动关闭；当我们起夜时，自动感应下床动作并开启小夜灯模式，并且灯光逐步由暗变亮，适应人的暗适应过程，并触发卫生间的灯，不需要去摸索开关。

当我们起床时，可以根据闹钟时间或者对音箱说“我要起床了”，这时会自动打开卧室灯并开启窗帘，可以设置模式播放音乐、自动烧水等模式。

当我们离家外出时，可以使用手机或者智能音箱的离家场景模式，自动关闭所有的灯、电器、窗帘并进行家庭布防，有异常情况会有各种提示并在我们设定的手机上提醒。

对于智慧家居场景的发展，华为明确提出了要做基础设置提供商，鸿蒙操作系统 2.0 首先在华为智慧屏 S 系列产品上进行了应用，给行业树立了一个榜样。

智能家居行业的集成度高、关联性与带动性强。对厂商产品、技术创新、解决方案，跨行业、跨生态的整合能力要求非常高，同时对于相关标准的设定也非常敏感。

华为全屋智能 ALL IN ONE 解决方案，其实是相当于提供一套智能家居的基础设施，不是为控制标准，而是给所有合作伙伴以底层的技术支撑，向数字化、智慧化全面转型升级。

所以，笔者认为基于鸿蒙操作系统及华为提供的各项基础设置服务等，在智能家居场景下的各种智能设备与应用服务的创新与发展又将迎来一个全新的发展高潮。

6.2.2 智慧出行

现在出行方式多样化，包括步行、骑自行车、骑电动车，以及乘坐公交车、地铁、网约车，还有打车、自己开车等形式。社会进步日新月异，笔者清晰地记得小时候去一趟城里，在看到火车时驻足观望或者偶尔听到飞机的声音抬头仰望寻找的情景。现在在深圳某个十字路口，我们就有可能同时看到飞机、地铁、各式汽车、轮船及自行车等。出行方式的多样化、联网智能化是一个必然趋势。

步行联网智能化的主要需求是精准导航，现有的地图导航对非常细小的位置、方向指向可能不精确，反应速度有时比较慢。另外，目前未能满足老人、小孩儿等对精准便捷的语音导航和视频导航的需求。我们一般在步行时，不方便用手机，可以用手表、语音导航来提示，包括步行时听音乐、接打电话等。

自行车，包括自有和共享自行车、电动车、摩托车、滑板、平衡车等各种自助出行工具。这些工具在现实生活中停放安全方便，同时对自动锁、手机导航、手表导航的需求非常旺盛，特别是我们看到的共享单车发展高峰时期出现的大量损坏、丢弃、乱停放等情况，其中全面智能化不足、联网不充分可能是造成这种情况的原因之一。

如果把上述自行车等做成一个全智能设备，直接和手机连接，可通过手机开关锁等控制自行车。配套相关设备包含智能头盔、手表、眼镜等，进行定位导航、车速监控、红绿灯提示、导航提示、实施安全纠正等，这将是一幅全新的生动活泼的场景。

公共交通工具包括公交车、地铁等，人们对此时的主要需求是实时查询车位置情况、到达时间、站点、路线，还要考虑付款交车费方便性，车上网络稳定性等。基于公共交通的普惠性，特别是在上下班高峰时期与节假日等人流量大的时候，打开 App 一步一步操作的流程明显阻碍了效率，所以基于设备直接快速地通过两到三步准确地完成上述一些流程，对人们生活舒适度的提升是非常重要的。另外，就是通过多设备的协调配合，比如手机、手表的配合等对公交车形成感知，提供个人化的到站提示，各设备协同保证车内的网络稳定性与网速，更加精确化的查询，比如知道公交车和地铁的座位情况、拥堵情况，或者通过对各站点等待人数的统计，高效调配各个线路的车次情况等。总之，通过智慧物联让人有更加舒适的公共交通出行体验。从表 6-2 中可以看出智慧出行基于鸿蒙操作系统的场景元素构成。

表 6-2　智慧出行基于鸿蒙操作系统的场景元素构成

具体场景	智慧出行包括步行、自行车、电动车、平衡车、公交车、出租车、网约车、专车、私家车、自动驾驶、停车等场景
用户体验	无缝连续精准导航，快速、便捷、安全、自动驾驶、移动办公室、移动娱乐中心等
主要应用	导航、音乐、定位、安全监测、车次查询、站点管理、网约车应用、网约车平台聚合服务、自动驾驶、智能停车、车联网等
操作系统	HarmonyOS、OpenHarmony
主要设备	手机、汽车、手表、行车记录仪、自行车、电动车、平衡车、停车场相关设备、车联网相关设备等

网约车的出现方便了城市中的出行，让车和人的匹配进行了最优化的协调。让用户打车更方便、车的使用效率也明显提升，同时也冲击了传统的出租车行业与管理方式。

现在打车要通过手机客户端打开具体页面，定位出发和到达地址，呼叫车并等待接。在户外场景下，特别是比较紧急的情况下，这还是不够友好。这个流程对于老人等来说操作起来比较难，用户与司机之间的行程管理与行程监控还有非常大的提升空间。所以，自动精准定位、位置感知推荐约车、自动呼车、语音打车、照片或视频地址识别定位应用、聚合比价、选择最优、安全保障等多设备创新的机会还是非常多的。

传统的汽车是没有直接联网的，车上的设备应用和手机之间也不是互通的，需要装上智能行程记录仪器进行车的联网智能化管理。自动驾驶等技术应用场景也是非常少的。

基于自动驾驶的新能源汽车已经可以联网，甚至可以通过软件升级提升汽车的各项性能，可实现远程召唤、半自动驾驶、自动跟随等。全自动化驾驶技术也在积极实践与应用中，包括手机和汽车功能、应用的协同等已经打通。自动驾驶会让汽车变成移动办公室、移动家庭、移动娱乐中心。

我们再来分析一下车联网与停车相关的情况。

目前，整体车联网还处在车载信息服务阶段，正在向智能联网服务发展。各项车联网的尝试与创新基本上是基于安卓和苹果的操作系统进行的，基于鸿蒙的未来转化与全场景升级是一个必然的趋势。

相关管理部门公布的数据显示，到 2020 年我国车位缺口已达约八千万个。由于汽车增速大于停车场增速，停车位利用率不足的情况可通过智慧停车相关技术和方案得到改善，提高停车场的运行效率，会是改善停车难的重要途径。

鸿蒙操作系统针对汽车场景提供了驾驶安全管控和车辆控制能力集，帮助开发者构建车载控制平台上可以使用的应用及进行多项智能汽车的开发接口和能力构建。华为有完整的智慧出行包括智慧停车在内的解决方案，并在汽车技术支持领域不断有新技术突破，而且通过多次重复与内部发文明令禁止的方式宣布，将为汽车领域提供各项基础信息技术等服务。华为不会造整车，而是帮助车企造好车，并成为智能网联汽车的增量部件提供商。

综上所述，在出行场景中，基于鸿蒙操作系统的全场景智慧互联的各项升级，车企的发展机遇是非常巨大的。

6.2.3 社交购物

最近几十年来线上电商的迅猛发展、线上线下融合的零售变革等，让商品的流通更加便捷，人们的购物体验更好。

从发展的趋势来看，线上线下融合的社交购物是一个大有发展空间的场景。虽然现在的电商很发达，但是商品质量全面全程溯源还是没有解决，特别是社交电商、社区电商等新的购物方式和其产品的质量还需要提升。物流配送、监控，特别是“最后一公里”的服务质量与态度等还可以进一步改善。在购物过程中，用户有可能会受各种虚假广告、夸大促销的引导，浪费时间和精力，受制于网速、设备的局限性，无法充分比价。所以，基于鸿蒙操作系统的社交购物全面创新发展大有可为。从表 6-3 中可以看出社交购物基于鸿蒙操作系统的场景元素构成。

表 6-3　社交购物基于鸿蒙操作系统的场景元素构成

具体场景	社交购物包括溯源、物流仓储、配送、产品质量、购物比价、售后评价互动等场景
用户体验	全程透明，买得放心，吃得放心，准时到货，根据需要和供给精准匹配，多屏比价、实时参谋、快速拼单、智能评价等
主要应用	溯源、视频、直播、物流监控、实时互动、社交购物等
操作系统	HarmonyOS、OpenHarmony
主要设备	手机、电视、计算机、平板电脑、物流配送设备、溯源链接设备等

各项智能设备相互连接并智慧互动，功能能力协同，形成统一的终端，对于个人、家庭、企业组织各项物资等的消耗会有非常清晰的计算；通过无屏变有屏等形式，任何一个设备都是流量和购物的入口。所以，笔者认为社交购物场景基于鸿蒙操作系统的创新，对于传统的电商等是颠覆性的。

基于可视可交流的各种鸿蒙设备，原产地生鲜水果生长情况、原料的开发进度、工厂工艺流程、餐饮产品服务的制作过程、物流仓储与“最后一公里”的配送等都将会全场透明化，全程可以让用户了解，与用户互动，在各个环节都可以产生交易行为。通过多设备的协同，产品比较充足，实时价格、库存匹配精准，供给侧和需求侧都得到调整，实现全程智慧化。通过鸿蒙智能设备把相关产品的营养成分、污染监测、从产品源头到使用、吃喝过程全公开。各设备的协同和数据化分析，可以自动智能化安排我们的购物行为。这一切的革新完全颠覆现有的整个购物体系。

6.2.4 智慧教育

中国现在大部分教室中还是用粉笔、黑板进行教学，部分教室开始有屏幕、计算机等配置，但是有屏幕、计算机配置的教室，其整体环境配套的布置可能跟不上，在教室的各个边缘与角落的听和看的效果可能不好。当然，现在大部分学校基本上都有网络教学中心，这个教室或者这一系列教室的信息化水平还是很高的。校园的操场、走廊、图书馆等会有一些监控设备，但是，整体上可能做不到非常充分地感知整个校园及对各种突发情况及时反馈与处理。

另外，校园内部的管理等还是通过传统的家长会议，或者以通告的形式和家长沟通。布置作业等借助现有的微信、QQ、钉钉等，一般学校校车的管理没有联入校园内整体信息化管理体系。从表 6-4 中可以看出智慧教育基于鸿蒙操作系统的场景元素构成。

表 6-4　智慧教育基于鸿蒙操作系统的场景元素构成

具体场景	智慧教育包括校内场景、在线教育、人工智能教育场景等
用户体验	校内教育相关事项可视可交流，全程感知安全保障，教室内学生座位等体现无差异上课效果。在线教育大屏听课、小屏互动、全景体验全景课堂和现场教学方式融合和体验无限接近。身边有随时可以求教的人工智能万能老师
主要应用	校园管理系统、校车管理系统、在线教育、课程辅导、智能学习等

续表

操作系统	HarmonyOS、OpenHarmony
主要设备	智慧屏、窗帘、监控设备、报警器、平板电脑、手机、电视、计算机、智慧课桌等

所以，笔者认为基于教室的全面联网智慧化，让每个学生不会因为座位、视力等原因而影响学习效果。校园内的全面监控、感知对校园的各种危机事项及时反馈与处理，包括校车的全面入网智能管理、学生与老师的排课系统、和家长及管理部门的沟通途径、教学评估系统等。基于鸿蒙操作系统，通过智慧屏、窗帘、监控设备、报警器、计算机、平板电脑、智慧课桌等设备，以及学校综合管理的各项应用组合与各项设备形成的校园统一终端应用服务体系，促进校园教育事业的发展。

现在各种在线教育的方式快速普及，胎教、学前教育、校外辅导、学历教育、成人教育、自学考试等都通过网络在线的方式开展。在线教育现在的困境是现场体验感与互动感不强，学习效果等难以监控和保证，单纯地基于计算机听、写与演示，让学生非常容易疲劳与失去兴趣。基于鸿蒙操作系统整合的各种设备互助协同，通过大屏听课、小屏互动形成全场景的真实课堂的体验，让在线教育和现场教育融合。

教育还有一个大趋势就是智能教育。通过人工智能学习和知识的积累，去服务学习者。我们看到特别是学习辅导类别的人工智能教育发展特别快。人工智能对标准、规范知识的获取数量明显多于老师，并且人工智能学习的速度要快于老师。所以，基于鸿蒙操作系统的人工智能教育体系也是大有前景的。

6.2.5 影音娱乐

在智能家居场景的介绍中有关于这部分的阐述。但是，基于鸿蒙操作系统的影音娱乐场景优质体验不仅局限在家的场景中。从表6-5中可以看出影音娱乐基于鸿蒙操作系统的场景元素构成。

表6–5 影音娱乐基于鸿蒙操作系统的场景元素构成

具体场景	影音娱乐、拍摄视频、开展直播等
用户体验	运动直播、多场景直播、个人短视频制作、直播创作更加简便，影音娱乐和社交融合、随身影院等
主要应用	视频相关、直播相关、社交相关等
操作系统	HarmonyOS、OpenHarmony
主要设备	手机、电视、摄像头、遥控器等

通过鸿蒙智能设备和手机、其他摄像头、屏幕协同的方式，可以实现可视可交流。让我们看不到、听不到的影音娱乐内容全面呈现出来。比如通过头盔佩戴摄像头、5G技术的低延迟支持等，让滑雪运动员以第一视角的方式全程记录整个运动过程。还有很多极限运动的场景比如空中、水下等，优质视频内容将会呈现出来。比如通过手机、手表的协同，让我们实现步行、跑步、骑行等状态的随身音乐播放收听。

自动驾驶技术的实现，让汽车等成为移动的影音娱乐设备。当然，基于鸿蒙设备多摄像头等智能设备的协调、互助能力，对于各项影视娱乐的拍摄、制作过程也会有颠覆性的改变。会更好、更方便地呈现出各个情景中的全视角、全视听状态。

在万物互联智能世界中，我们会享受到很多新的、基于物物相互连接互动、基于人与物的相互沟通与协助的各项令人耳目一新的影音娱乐内容。

6.2.6 移动办公

笔者是移动办公的深度用户，在两部不同的手机里有各种资料需要整理，两部手机的记事本、App 的资料等经常要来回互导。家中和办公室都有计算机，很多工作方面的文档需要在计算机和手机之间来回互传，格式不一样，有时还会弄错版本。关键是计算机和手机有时显示的方式和样式还不一样。所以，配置了一个 U 盘，但 U 盘插口使用时间长了以后，容易出现损坏，导致 U 盘里面的数据丢失。最重要的是，手机、计算机存储空间有限，用一段时间后，存储空间满了，资料就不好转移了。

笔者使用过不同的云文档、云办公、云存储等云端办公应用，感觉有的时候打开慢、保存慢、界面复杂、功能不是很齐全、使用习惯难以改变，并且不同应用之间的编辑差异也非常大。还有的云存储的功能体验不好，还收费，并且对于应用本身的寿命我们都有些担心，那么怎么敢保证存放在那里的材料的安全呢？

办公会议室的互动工具也有待改善。传统的白板、油笔依然存在，有些投影仪的操作不仅比较复杂，而且设备容易坏，有限的互动表现力等与现在科技智能时代已经有些不适配了。从表 6-6 中可以看出移动办公基于鸿蒙操作系统的场景元素构成。

表 6-6 移动办公基于鸿蒙操作系统的场景元素构成

具体场景	移动办公包括文档编辑、会议演示、计算机办公等场景
用户体验	多端互助编辑、内容便捷分享、云端数据存储、私人助理等
主要应用	文档编辑、笔记、存储分享等
操作系统	HarmonyOS、OpenHarmony
主要设备	手机、计算机、平板电脑、电视、智慧屏等

基于鸿蒙操作系统的多办公设备协同互助与多应用的综合使用形成的办公统一终端，可以使手机、计算机、平板电脑、电视、智慧屏等设备将内容共享，多端互助协同编辑，便捷分享，非常方便进行云端数据存储，从而成为我们移动办公的全职私人助理。

在以上设想中，根据鸿蒙官方公开的材料，一部分已经实现了。语音转为各种形式的文档材料、会议室自动记录和生产资料、远程办公协助的现实体验等都是基于本场景的，由于在其他的各个章节中有单独的阐述，所以本节就没有重复阐述这些内容。

6.2.7 运动健康

健康与运动是人生中最重要的场景之一，生命在于运动。但是，现在大部分人对运动和健康相关的专业知识是非常缺乏的。

很多老年人热衷跑步，其实，长期大量运动对老年人的身体并不好。有些小孩儿过早地从事高负荷的运动锻炼，对身体的生长发育也有影响。有些人习惯晚上跑步，但很多时候晚上进行激烈的运动不利于休息。

一些错误的行为是由于没有很好的认知，也是由于没有便捷的智能设备监测提示等。从表 6-7 中可以看出运动健康基于鸿蒙操作系统的场景元素构成。

表 6-7　运动健康基于鸿蒙操作系统的场景元素构成

具体场景	运动健康、健身、室内、户外等场景
用户体验	科学运动指导、专业健康咨询、健康顾问等
主要应用	健身指导、健康咨询、健康运动互助等
操作系统	HarmonyOS、OpenHarmony
主要设备	手机、手表、轻穿戴设备、音箱、跑步机、体温计、体重秤、血压计等各种健康设备等

基于鸿蒙操作系统的手机、手表和各种健康设备与健康运动应用服务配合，形成健康运动全场景的科学健康顾问体系。

健康服务应用，可以按个人的年龄、性别、身体特征等提供个性化的运动知识与方案，根据个人的兴趣爱好进行执行与监督考评等。健康服务应用还可以通过手表、智能轻穿戴设备、其他健康设备等对我们运动时的各项生理指标进行监测并汇总数据，同时通过云端智能方案匹配和计算等，提供最优的持续的包括饮食、运动方式、健康指导的整体服务，成为我们的健康顾问，提供各项健身指导、健康咨询与针对个人的运动健康执行计划等。

其中要特别强调的是对于老年人健康运动的服务。通过让老年人佩戴智能设备，监测老年人的脉搏、心率、血压等指标；通过一些健康仪器定期监测老人的血糖、血脂等情况。预测老人的身心健康发展方向，并进行及时的正面引导，通过远程和多设备互动协同，形成医生、子女、照顾人员、夫妻等远程共同关注的群组，随时反馈，预测和应对各种突发情况的发生，制定健康、科学的运动学习计划，并监督提示日常的生活、起居、运动健康的各项情况。

6.2.8 智慧社区

无论是居住社区还是商业社区，从整体上来讲，安保人员与服务人员的管理还是占主流的。局部监控、公共灯光等是联网进行的，一些社区的内部管理系统使用体验不是太好，社区用户都不太喜欢使用，比如广告设置体验很不好、用户隐私保护不到位、系统功能复杂、界面设置不适合用户习惯等，甚至有些社区级应用连内部管理体系都很少使用或者抗拒操作等。产生这种问题主要还是因为不方便、封闭等。有些 PC 互联网、移动互联网平台暂时还没有深度涉及社区这样的小单位场景，比如 2020 年的社区团购也只是大平台往社区深度商业化发展的尝试。所以，笔者认为社区全场景的体验和发展具有很多的挑战与机会。从表 6-8 中可以看出智慧社区基于鸿蒙操作系统的场景元素构成。

表 6-8　智慧社区基于鸿蒙操作系统的场景元素构成

具体场景	智慧社区包括居住社区、商业社区等场景
用户体验	安全、舒适、和睦、方便、高效、信任
主要应用	社区服务、社区管理、社区监控、社区商业、社区公益等
操作系统	HarmonyOS、OpenHarmony
主要设备	手机、手表、轻穿戴设备、监控设备、摄像头、社区公共设备等

智慧社区以数字化、智能化为基础，整合社区各项资源应用，是一个完善的整体。由基础配套、应用服务、安全、运维与隐私保护等几个环节组成。

基础配套提供对社区的综合智能感知力。基于鸿蒙操作系统，通过感知设备及传感器网络，与智能住宅、智能小区中的设备进行连接，实现管理。其中包括人脸门禁、车辆道闸等社区空间范围内的基础设备及系统数据的采集、监测、分析和控制等。

基于鸿蒙操作系统的应用服务实现对社区基础对象的各项信息数据汇聚接入、存储、分析及共享交换等，通过智慧社区平台、业主、业主管理委员会、物业管理、用户、社区商户等实现数字化、智慧化、在线化的社区管理协调能力，实现社区屋内屋外所有设备的联动。

当然，智慧社区包括了用户隐私、数据保障、运维、运营等安全机制的实施。

6.2.9 智慧旅游

旅游行业的 PC 互联网、移动互联网平台是非常强大的，但是用户体验方面还有很大的提升空间。其中包括路线不透明、导游和用户之间的协作度不高、景点产品服务存在价格虚高、产品价值质量无法甄别、景区人流安全无法精准把控与安排等。从表 6-9 中可以看出智慧旅游基于鸿蒙操作系统的场景元素构成。

表 6-9　智慧旅游基于鸿蒙操作系统的场景元素构成

具体场景	智慧旅游包括旅游攻略、现场游览、在线旅游等场景
用户体验	全场景体验、从容自然、舒心愉悦、安全便捷
主要应用	景点路线查询、攻略预定、景区全场景感应、拍摄分享、安全监控、意外救援等
操作系统	HarmonyOS、OpenHarmony
主要设备	手机、手表、运动设备、监控设备、摄像头、景区公共设备、安全急救设备、车辆等

笔者认为基于鸿蒙操作系统对智慧旅游场景的设计是从旅游景点开始的。旅游景点需要通过智能摄像头、温湿度监控、各种感知设备、应用服务，对范围内的景色、服务、产品、人流、导游、车辆等进行精准的数据化和视频化处理，实时反馈与调控，实时分析与处理各项危机、用户不满意的情况。

通过对景区数据的收集、汇总、分析处理等，和其他各个旅游景点相关的 PC 互联网、移动互联网平台保持数据的互通和共享，能向远程的需要预定或者正在过来途中的用户进行各项信息的通报并与其互动，让大家及时、合适地安排自己的攻略。

完整的数据收集和呈现，可以非常及时、真实地宣传旅游景点。在保证数据安全的前提下可以和相关管理部门、合作机构等便捷互通，还可以开展在线旅游服务，并进行分级内容收费等商业尝试。

6.2.10　其他智慧场景畅想

由于本书创作期间是鸿蒙操作系统发展的早期，从生态的角度进行阐述，有些场景的技术底层还没有完全实现，但是也许在本书出版时，相关产品服务与场景已经在应用中了。笔者坚信，我们所阐述的这些基本的智慧场景都是鸿蒙操作系统基于未来、全场景、分布式场景的一部分和开始而已。

接下来，让我们一起畅想一下其他的基于鸿蒙操作系统的智能场景。

1. 智慧酒店与公寓

智慧酒店与公寓，笔者认为这两种场景和智能家居是一样的。只是有其商业化、公用化的特征。酒店、公寓通过鸿蒙操作系统的物联智能化升级改造，实施全面的数字化、智能化，有利于实现用户服务更好的体验，降低经营成本，进行运营数据的沉淀、智能分析及用户的忠诚度营销等。有些酒店、公寓只是实现了简单的监控、住户信息和公安管理部门联网备案、房间内部连接互联网而已。部分智能化升级改造也只是包括入驻流程与退房流程自动化、房间内部各种设备联动等。完全实现智能物联化的酒店、公寓可能很少。

基于鸿蒙操作系统的接入是升级的。具体细分场景包括住前的会员体系、远程看房、视频或者虚拟体验、网络预定、自助入驻，住中的智能楼梯、智能门禁、智能声控、房间内的社交娱乐、客房服务、周边服务推荐等，离开房间或者退房时的智能查房、水电设置、用品的智能核对、用户后续的关怀与终身价值管理等。

2. 未来智慧超市

大型超市是城市中非常重要的一个场景，关系到人们的日常生活，而且近些年在电商的冲击下，传统的超市可能面临着各种困境，许多商家在探索新一代受人们欢迎的超市的模样，所以，笔者和佰链超市创始人颜学盟先生就基于鸿蒙操作系统的未来超市创新进行了探讨和畅想，非常感谢他对本部分内容的参与。

基于鸿蒙设计和构建的未来超市与周边用户，通过家居、家电、手机等智能设备进行了感应联网；周边会员、用户、家庭、企业、组织等的各项商品消耗情况与购物需求在其授权的情况下，未来超市人工智能中心会进行统计、分析与预测，用户可以通过手机等设备接受智能提醒与推送。用户可以不用到超市，采用直播视频方式或者虚拟现实的方式，通过电视、智能眼镜、手机在线逛超市。

超市的无人驾驶车会自动优化周边接送用户的路线和时间，让周边居民感觉车来得非常及时。到超市购物的用户会被自动感知是不是会员，超市内找商品不再麻烦，超市机器人会非常快速、准确地带领用户找到所需的商品，等商品放到智能购物车中后，会自动提示商品价格、会员折扣等内容，通过智能购物车可以随时结账，再也不用排队了。超市全面智能化，没有结账的商品无论怎么隐藏，只要出超市就会有提示。超市的送货也全面采用机器人的方式。

超市里的各项设备包括监控、灯光、空调、电梯、冷柜、冷库、打称、标价、调价、收银、厨具等，通过基于鸿蒙操作系统的移动端、中控与人工智能中心统一管理，超市供应链和前端销售需求数据、系统全对接，在预测实时需求数量、种类的情况下，超市和供应链无缝对接并及时配送，各项商品从原产地、原材料开始全面溯源、可查询，其中包括营养成分、新鲜程度、产品组成等，商品上自带的标签都会显示并可以在线查询。

基于各种智能设备、超市的大空间与人工智能中心，超市的氛围非常受人们的喜欢，未来超市会按照各个节日甚至周边居民生日、活动等，全面快速切换整体色调、空间布置、灯光等。除了定期举行各种与购物相关的活动外，未来超市还会设置各项休闲娱乐的主题场景与周边居民互动；未来超市将会是周边居民智慧化娱乐休闲的好去处，成为离家最近的万能智慧仓库与全新的户外超级娱乐中心。

3. 智慧地产

基于鸿蒙操作系统未来的智慧地产领域，涉及的流程和角色比前面的场景繁多且复杂。

从增量到存量，都可以在鸿蒙操作系统场景下进行数字化、智慧化升级。新建的场景包括前面描述的全屋智能、智慧社区、智慧出行等组成了全新的建筑理念和体系。存量场景下，房产企业不断通过技术途径提高建筑的配套服务，包括面向住户、整体建筑、社区基于鸿蒙操作系统的数字化与智慧化升级管理方案等。

4. 智慧安防与消防

智慧安防与消防场景有一个从局部入网到全面进入鸿蒙操作系统的过程。因为安防、消防等属于基本的社会安全保障配套建设，通过政府管理部门的各项规定等，大部分场景中都是有这些基础设施的。只是这些设施的监控具体内容有待进一步扩展，监控的敏感性有待进一步提升，监控的反馈响应速度还有进一步提升的空间，需要从局部入网、从基于安卓体系的网络全面转入鸿蒙操作系统，进行全新的数字化、智慧化升级，以便更好地守护人们的安全，实现人们对于美好生活的向往。

5. 智慧工业等

关于以下我们要讨论的几个场景，笔者其实一直在犹豫是否要在本书中阐述。因为鸿蒙操作系统的发展暂时主要在消费级产品领域，后续我们要阐述的场景远远超出了这个范畴。经过再三思考，笔者还是坚持进行畅想，因为从操作系统的发展历程和各个行业的 PC 互联网、移动互联网化过程来看，随着一个生态的完善，消费级也好，农业、工业等也好，都会基于一个统一的底层体系进行各种特殊化、个性化的开发与构建。只有基于统一底层体系，才能和社会各个层面角色的信息数据互通；如果完全独立，必然会成为一个信息孤岛，在需要数据之间的支持时，操作会非常困难或者无法实现。

当然，基于每个行业的特性，会有各种分级保护机制或者不同于底层体系的特别技术支持保护等，这是完全可以实现的。就像鸿蒙操作系统的全面开源与各种发行版本的开放一样，本来就有着无限可能。接下来，我们分析智慧医疗、智慧农业、智慧工业、智慧城市的基于鸿蒙操作系统场景的初步畅想。

智慧医疗，基于医疗与人身心健康直接紧密联系的特殊性，对技术支持的要求非常高，所以与通信、物流、教育等行业相比，智慧医疗还处于早期发展阶段。基于鸿蒙操作系统的智慧医疗我们从两个层面来讨论，一是医院管理互动基础信息的联网与智能化体系，二是医疗技术本身的联网与智能化过程。第一个层面包含了与医疗相关的全面互联、信息化、数据化、智慧化建设与管理，第二个层面智慧医疗的进一步落地需要人工智能、大数据、云计算与端侧计算、5G等技术的综合支持。基于鸿蒙操作系统的各种智能设备，可以做一些治疗前期的基础检查、分析工作或者进行一些常见的相对标准化的病例的诊治，但是情况复杂的病例完全通过网络智能来实现诊治，还需要不断地尝试和积累。

智慧农业，也属于乡村振兴的范畴，我们希望通过基于鸿蒙操作系统的农业智能化升级改造，完全彻底地改变中国传统农民的作业方式。土地整理、播种等各个环节，养猪、养鱼等各种副业，销售与市场等全面联网数字化、智能化，提高农业产出和市场的匹配度。

智慧工业，中国是世界上工业体系最全的国家之一，但中小企业的信息化、数据化、智能化升级可能并不完善。基于鸿蒙操作系统未来发展的各项 IoT 技术，可以通过底层系统和设备互通，实现企业数字智能化整合；同时，结合 AI 人工智能等技术高效运营数据，赋能工厂设备和系统新能力，提高工厂及相关工业生产的效能。

智慧城市，既包括整体的智能规划、升级与服务等，又包括对比如公用事业与工商管理等某一垂直域的数字化、智能化升级改造。基于鸿蒙操作系统智慧城市场景的畅想与实现，其实是包含了前述所有场景智能硬件和应用软件的综合应用，也包括基于城市整体级别的智能设备联网与智能化应用服务，比如城市级数字孪生等。

笔者认为，基于鸿蒙操作系统的场景创新在本书中远远没有阐述清晰，新的发展有无限可能。接下来，让我们进入鸿蒙生态吧！

6.3 鸿蒙生态

6.3.1 生态建设与管理

鸿蒙生态发展成功的重点，是生态先行。这么宏伟的事情没有整体生态的支持，是无法取得成功的。

“生态”一词，笔者认为是指一切生物的生存状态及它们之间、它们与环境之间各方面的关系。生态系统的范围可小可大，相互融合。生态管理是将自然科学领域的内容引申到管理科学上来，这和中国古代的道家思想是相通的，“道法自然”，笔者认为做好相关事物就要顺应自然规律。

品牌生态环境中各利益相关者都影响着品牌的发展，特别是在涉及竞争对手时，他们也是品牌生态中的一部分，采取竞争合作的思想，才能达到双赢的局面。

品牌生态管理的执行步骤主要包括五个环节：一是明确与描绘出品牌所有利益相关者；二是配置好在变化的环境中负责各项

反应行为的负责人与团队；三是制定具体的品牌策略；四是设计品牌策略沟通系统；五是让合作伙伴落实各项策略。

当我们把合作伙伴作为企业发展过程中的支持者时，合作伙伴就应该知道我们的想法和打算。只有我们的合作伙伴清楚我们的设想、计划、远景，他们才会采取相关的措施帮助我们一起实现双赢或多赢。

就笔者所感触到的来说，鸿蒙生态会遵照上述的一些思想、基本逻辑、步骤等，并用更好的创新去推动生态的建设与发展。

6.3.2 鸿蒙生态总图

鸿蒙生态图谱如表 6-10 所示。

表 6-10 鸿蒙生态图谱

<table>
<tr><th colspan="3">鸿蒙生态图谱</th></tr>
<tr><th>主要角色</th><th>贡献与价值</th><th>服务用户</th></tr>
<tr><td>技术社区/专业媒体/书籍/培训/课程/活动等</td><td>先导与地图</td><td rowspan="6">消费者用户。
企业/公司/工厂/商业用户。
其他组织及政府用户等。
科技创新让大家生活、工作、事业、梦想更加的美好</td></tr>
<tr><td>设备/应用/开源系统贡献/底层研发/技术工程师</td><td>先驱与转化</td></tr>
<tr><td>软件/硬件/解决方案/服务商们</td><td>先锋与拓展</td></tr>
<tr><td>南向设备/芯片/器件/模组/开发板/产品等</td><td>基础与承接</td></tr>
<tr><td>北向应用/各种软件及平台</td><td>丰富与承接</td></tr>
<tr><td>鸿蒙官方团队、开放原子开源基金会、华为及内部设备与应用、友商、投资机构、全球各政府相关的管理部门等</td><td>共建生态、
共同发展</td></tr>
<tr><td colspan="3">鸿蒙操作系统连接、底座和各项基础能力支持</td></tr>
</table>

生态的最终目标是服务好我们的用户，是通过科技创新让我们的用户有更好的体验，让用户能更好地生活、工作并追逐自己的梦想，实现自身的价值。

笔者认为基于鸿蒙操作系统的智能设备和新应用服务，触及的终端用户将会远远超乎我们的想象。

华为 30 多年来，已经和全球很多国家的运营商一起建设了 1500 多张网络，帮助世界超过 30 亿人口实现网络连接，并保持了良好的安全记录。当然，终端用户和运营商所触及的用户不能混为一谈，但是以华为已有的基础，在遵守全球各国、各地法律、数据管理规定，保证数据隐私、安全等各方面的情况下，可以和全球各合作拍档基于鸿蒙操作系统进行各项合作。如前面所述，鸿蒙操作系统是开放的、开源的，它不仅仅属于华为，世界上各个国家的开发者们都可以通过鸿蒙发行版、智能设备接入、应用服务开发的方式全面参与进来。

在万物互联智能世界的技术浪潮中，中国企业首次在全球发展中处于领先与主导地位，所以笔者认为，既然鸿蒙操作系统是基于未来、全场景、分布式的万物互联智能化的操作系统，我们企业主导的新科技浪潮服务的用户数量就会远远超过现在我们自己及传统操作系统所拥有的用户数量。

鸿蒙生态展现给我们的是一个全新的、基于全球的、开放的、让终端用户个人价值绽放的新的万物互联智能生态。每一个终端用户会因为完整的物联智能服务生态而让自己的学习、成长、获取知识更加容易，让自己的家庭沟通互助更加便捷与融洽，工作事业借助各种智慧设备应用的支持更加得心应手，每个人的梦想因为有基于鸿蒙生态的人工智能赋能而不再遥不可及。

笔者所阐述的终端用户包括了个人、企业、公司、工厂、商业用户、其他组织、政府用户等所有能享受基于鸿蒙生态的智能物联服务的人。

未来可期，基于鸿蒙生态的各项科技创新让全世界人们的生活、工作、事业、梦想更加美好。

6.3.3 先导与生态地图

我们所看到人类历史的发展，无论是新的思想体系产生，还是新的技术革命等，总是源于某个区域或者某群先行探索者。那么，鸿蒙生态中的先导、先行体验、尝试、传播等，是技术社区、专业媒体、出版社、各项科技培训机构。

我们也看到了鸿蒙生态中社区 HarmonyOS 官网的快速发展与完善，HarmonyOS 官网现在支持中英版本，全球的开发者都可以在 HarmonyOS 官网上公开获取各项材料与技术资源等。比如笔者在创作本书时，很多内容也是以 HarmonyOS 官网为参照标准进行的，笔者观察到 HarmonyOS 官网在不断丰富内容，不断优化改版升级，官方网站上的最新调动代表着鸿蒙操作系统的源头动向。当然，我们也看到了华为开发者联盟论坛中的开放的 HarmonyOS 版，是 HarmonyOS 官方公告、权威信息发布平台、官方问题反馈渠道。笔者早期就申请了论坛版主，并非常荣幸地获得了通过和认可，成为版主，后来因为参加活动比赛和积极发文等被授予了华为开发者联盟官方论坛认证牛人身份。华为其他多个版通过社区沟通的方式在推动鸿蒙生态的发展。

在 HarmonyOS 技术社区官方战略合作共建的 51CTO 上，笔者是专栏作者，非常感谢王雪燕老师对笔者的各项鼓励和直播宣传工作，让笔者有机会脱颖而出。在 HarmonyOS 技术社区官方战略合作共建的电子发烧友官方战略合作社区，笔者也是版主。当然，还有很多其他的社区专业媒体，一些大众媒体的技术相关的专业板块，前期都在宣传和推动鸿蒙生态的各项发展而努力。社区其实就是一张地图，基于鸿蒙生态的各项问题、发源、商业机会都在此可以找到星星之火与源头。所以，技术社区属于生态先导。

我们看到越来越多的技术相关的社区参与进来，技术社区里的很多先行者通过自媒体的形式，在很多非技术社区媒体平台上传播。再就是专业媒体的关注和报道，我们看到鸿蒙生态发展的每个步骤，国内主要和科技相关的媒体都有专用的篇幅来报道，包括《人民日报》也对鸿蒙操作系统北京手机开发者测试版本发布进行了发文，全球的一些技术专业媒体也在关注着鸿蒙生态的动向。

由于一个新生事物的诞生，很多人的接受是需要一个过程的，所以经过人们心目中权威的国家出版社对相关书籍的创作与发行，也是基础宣传的最好方式。笔者就非常幸运地被电子工业出版社约稿来创作本书，特别感谢电子工业出版社给予的机会及石悦编辑前期和我的沟通及各项指引创作的推进。其他各个出版社也在积极行动，就笔者所知，在我们这批鸿蒙先行者中，不少人也收到各个出版社的约稿。通过书籍的形式进行传播，既代表着权威、长久又代表着时尚与流行。

另外，我们看到各项技术的、商业的、生态发展的培训课程，也正在紧锣密鼓的筹备与不断推进中，特别是进入大学校园等基础培训的计划与落实，为后续的强劲发展打下了良好的基础。各培训机构、线下的各项活动的组织等角色，笔者认为他们都处于先导地位，在引导大家认识、了解和参与鸿蒙生态的发展上积极付出。

当然，笔者坚信付出就会有收获，在一个必成的大事业面前，前期需要更多的贡献者。

6.3.4 先驱与技术实现

开发者对鸿蒙操作系统各方面的技术进行学习、了解、参与，是技术成功转化的基础。只有各个角色的开发者比如参与内核开发、驱动开发、子系统开发、组件开发、芯片移植、南向设备接入与开发、北向应用开发与运营、开源系统贡献、解决方案研发、鸿蒙发行版研发等的人员足够多、足够熟练，才能真正地将技术转化落地，实现智能设备与丰富应用服务的各项功能。

当然，开发者也包括团队或者公司的投资人、产品经理、设计策划、运营推广、UI 设计师、UE 设计师、测试工程师等所有相关人员。

因为鸿蒙官方技术团队的主要精力放在了操作系统本身的不断研发、优化和发展上，同时鸿蒙操作系统的发展需要大量的开发者参与进来，才有可能形成蓬勃发展的生态。就像华为各场合公开宣讲的一样，“在一起，就可以”“没有人能够熄灭漫天星光，每一位开发者，都是华为要汇聚的星星之火，星星之火，可以燎原”。

当然，开发者的培养发展过程需要有计划地进行，比如现在鸿蒙官方先培养和打造鸿蒙先行者、先知先觉的人，鼓励和培养学校学生，进行头部软件开发和应用平台的合作，举行各种开发者大赛和活动等，有计划有步骤地推进。

按照发展节奏，前期更多的是个人开发者、学生或者一些小团队，他们会在业余的时间进行一些尝试，并逐步扩散。在新系统、新生态快速成长阶段，前面很多付出的先行者在一般情况下会随着生态的发展，成为新一次浪潮中的佼佼者。

当然，后面更多公司、集团等超高配置的团队也会加入。拉高竞争门槛，一般这种情况下市场也足够大了。按照笔者分析，基于鸿蒙操作系统的万物互联生态，整个生命周期足够长、产业足够大。现在进入的个人、团队和公司，只要不犯致命性的错误，就会有足够的发展空间。

就像我们在第 2 章中分析的一样，苹果、谷歌分给开发者的总收入是千亿美元及以上的，这只是这些客户端直接在系统上产生的收益，没有计算每个独立的客户端的各项价值，比如中国的腾讯、阿里巴巴、美团都是千亿元级人民币估值的公司了。所以，前期的开发者们会在这次浪潮中获得足够的发展机会、荣誉与财富等。但是生态的发展有个过程，开发者们需要足够的坚持和努力，不能遇到一些困难或者系统发展上的一些不如意就放弃，否则就太可惜了。

总之，笔者认为除鸿蒙官方专职的技术人员外，广大的社会开发者深度参与是鸿蒙生态发展的必要前提。鸿蒙获得中国及全球更多开发者们的认可、支持和学习投入，是鸿蒙生态成功的关键。

6.3.5 先锋与商业拓展

生态需要持续地发展，一定是需要回报的，一定是要有商业驱动的，只有在健康的商业生态下，技术生态才能不断发展壮大。

我们前面分析过，大部分人对新生事物的前期是看不懂、抗拒的；还有一部分人，都想着一个新体系成熟后再参与，这样风险会少些。所以，前期鸿蒙生态的发展需要很多商业合作伙伴去宣传，进行设备、应用的开发接入服务，进行各种解决方案与发行版的开发与推广工作。只有通过前期很多商业公司、应用服务开发接入、智能设备开发接入、解决方案服务公司等全面开展各项业务与服务，才能逐步推广到全社会，只有更广泛的群体逐步参与进来，强大的生态才会形成。

所以，笔者认为基于鸿蒙生态发展的各个维度，除鸿蒙官方团队的人员外，广泛的商业合作伙伴，是鸿蒙生态发展的先锋。

当然，鸿蒙生态的发展对这些商业合作伙伴也是一次大的发展机遇，这部分在前面章节有详述，特别是对前期的商业伙伴，能抓住早期的各项机会，发展上一个台阶，在这次科技浪潮中成为某个领域的领导者完全是有可能的。

当然，鸿蒙官方也要有相应的规范标准对商业合作伙伴进行管理，开放、公平、公正的机制非常重要。门槛是在商业伙伴们发展的梯度上自然出现的，因为鸿蒙技术开发及专业属性本身就是门槛，参与的商业公司需要相信鸿蒙生态的发展，需要付出团队成本、学习成本、商业开拓成本等才能参与进来。当然，也要杜绝和坚决打击恶意炒作鸿蒙概念，不能真正为用户服务、创造价值的公司。

6.3.6 基础工程与生态承接

智能设备包括芯片、器件、模组、开发板等，笔者认为这是整个鸿蒙生态的基础工程，因为只有足够多的设备接入鸿蒙操作系统，智能和应用才有具体的载体去实施。智能设备的开发与接入其实是鸿蒙生态发展的强项，因为华为自己就有足够多的设备，最少可以支撑鸿蒙生态前期发展基本设备接入数量的需求，比如我们前面分析的，根据鸿蒙官方公开的材料显示，2021 年就会有 3 亿台以上智能设备接入鸿蒙操作系统，2 亿台是华为的设备，1 亿台是生态合作伙伴的。按照华为官方公布的计划，2021 年 90%以上的华为手机都可以升级为鸿蒙操作系统。

鸿蒙操作系统的出现和发展是智能设备及相关产业巨大的

发展机会。所以，有志在万物互联智能时代有所作为的智能硬件厂商，越早行动起来，其收获就会越大。

当然，鸿蒙生态的发展有个完善的过程，所以，前期参与者也许要走些弯路，但是，从长远发展来看前期的一些付出是完全值得的。笔者认为随着鸿蒙生态的发展，在智能设备的各个细分领域都会有世界级的产品、品牌和公司诞生。

综上所述，鸿蒙官方、华为还有很多的智能设备厂商及相关者齐心协力，进行设备接入、创新和大量的销售产品与服务，是鸿蒙生态发展与形成超级终端的基础工程。

6.3.7 丰富多彩与生态服务

应用服务即软件可以定义硬件，升级硬件，这是智能联网设备的最重要的特征之一。应用的创新、数量与质量是鸿蒙生态是否丰富多彩，用户是否愿意使用的重要环节。

只有足够多的、适合用户操作和使用的应用服务上线并蓬勃发展，鸿蒙生态才算真正地发展起来。

同样，笔者也认为随着鸿蒙生态的发展与强大，各个细分的领域都会诞生很多优秀的新的应用服务，对应用开发公司、团队与个人都是巨大的发展机会。前期参与越多，各项机会就越多，虽然前期鸿蒙软件应用开发方面可能会有很多问题，但是我们纵观软件行业的发展历史，没有哪一个新的软件不是逐步完善和发展起来的。任何系统不会一诞生就很完美，真正优秀的系统，是在社会实践中不断优化升级迭代出来的，而不是闭门造车取得成功的。

6.3.8 HMS Core 等的关系

华为内部有很多系统、应用，那么这些系统、应用和鸿蒙操作系统的关系是什么样的呢？

比如 HMS Core（华为移动核心服务）、HiLink，提供云到端的整套智能设备解决方案；比如 HUAWEI HiCar 是华为提供的人、车、家全场景智慧互联解决方案；比如华为应用市场、华为智慧生活客户端、华为音乐等、华为的各项智能设备等。

笔者认为，这些软件应用与硬件设备都是鸿蒙操作系统生态的一部分，并且是非常优秀的代表。我们前面分析过，操作系统的底层特性决定了华为内部的这些系统、软件、应用、设备都会逐步基于鸿蒙操作系统来运作，这是各项应用软件与智能设备先行的示范。

全球互联网有上亿个网站与网页，移动互联网有 400 多万及以上的各种客户端，百亿级及以上数量的各种智能设备在基于鸿蒙操作系统的万物互联智能世界，笔者认为应用服务与设备的发展机会比以前所有的总量都要大，这些不可能由华为一家公司来完成，所以，大家不必担心华为做了就没有机会了。在每次变革中，各个领域的优秀软件应用与各种设备等都有新的团队。这部分内容会在接下来的国内友商竞争与合作部分进一步说明。

6.3.9 国内友商竞争与合作

竞争者也是生态发展的一部分。处理好和竞争者的关系，也是生态发展的重要部分。

鸿蒙操作系统发展前期的发起者是华为，之所以是华为，是因为其发展的方向需要与万物互联的智能操作系统相吻合。华为具备这个实力，也正好是承担这个角色的最佳“人选”，是时代发展选择华为做这个极具挑战性的事情。操作系统特别是全新体系的构建和运营，是需要巨大的决心、坚毅的耐心与持续投入的。

鸿蒙操作系统其实不仅仅属于华为，鸿蒙操作系统的全面全程开源，还属于所有生态参与者。华为前期的付出具备一些先发优势，是理所当然的。

随着鸿蒙操作系统的不断发展和完善、开源的深度进行，华为其实也是鸿蒙操作系统发展的一个合作伙伴。在没有鸿蒙操作系统之前，国内几乎所有的手机厂商都是基于安卓操作系统进行各项软硬件配置研发的。

那么，国内所有的友商应该积极参与进来，从设备、应用等方面敢于和华为良性竞争，伟大的竞争对手也是我们成长发展的驱动力之一。

笔者认为以华为现在的体量和研发投入等方面来说，华为和国内的很多友商不在一个体量和等级上；从另一角度来说，笔者理解为华为通过发展鸿蒙操作系统的方式，将自己的各项优势、经验、全球渠道资源等开放并赋能给所有合作者，对国内整体产业进行提升。

笔者前面也强调过，基于开源鸿蒙操作系统的开放原子开源基金会，基于鸿蒙操作系统的底层技术支持特征，不是谁都可以做成的，所以，鸿蒙操作系统发展的强大不是垄断，而是前期万物互联智能发展的必要过程。

国内友商积极参与到鸿蒙生态中来，和华为一起，基于鸿蒙操作系统，在既有竞争又有合作的过程中，一起服务更加广阔的全球市场，笔者认为这是正确的选择。

6.3.10 投资新赛道

一个大的产业的高速发展，意味着巨大的商业机会，在这些新的机会面前，从来都不会缺乏资本的身影。我们看到很多知名的 PC 互联网和移动互联网公司，都是因为前期“风险投资”的慷慨支持与推动，让很多缺乏资源、缺乏资金实力、缺乏综合运营能力的优秀的创业者们获得了成功。

新事物、新事业的发展，本来就是一件比较复杂的事情。在鸿蒙操作系统上的各项创新需要有大的作为，如果只靠个体参与，肯定是远远不够的。只有以团队、公司的形式来推动，才会有持续发展的动力。如果有更多的团队、公司来驱动，那么除了技术本身外，发展规划、资金筹备、团队管理等都是大家要面临的问题。

笔者认为，鸿蒙操作系统的发展在智能设备、应用服务、发行版等各个方面，未来的几年内都是主流资本需要参与的赛道。错过这轮的位置抢占，就像没有参与PC互联网、移动互联网的这么多年的蓬勃发展一样，会错过一个完整的时代，无法获得进入物联智能时代的门票。而今年就是科技圈里专业资本选取种子选手的最佳时期和第一次投资浪潮。由于鸿蒙生态的开放性，生态中的各个角色获得大量投资机构的支持与参与，是一个必然的趋势。

虽然鸿蒙操作系统不仅是华为的，但是由于发展过程中有华为的基因，所以，笔者认为在创业者、经营者和投资机构的关系上，鸿蒙操作系统会有所不同，它会更多地体现对经营主体的尊重，对创造有价值的事情的尊重，对知识、科研的尊重，对科技发展的尊重。

6.3.11 关于价格和消费能力

这个问题其实在前面的各个章节中都有讨论，特别是在智能家居这节中我们有详细的阐述。很多的人担心产品的价格过高，社会的需求是否能接受。前面已经讨论过的观点，比如节约成本、商业模式的改变、降低首次购置成本与综合使用成本等，此处就不复述了。笔者认为工具体系的发展是人类进步的重要标志，包括石器、青铜铁器、农业工具、工业机器、电力、网络等。每次工具体系的强大与升级，都会促进先行创造者和实践者的高速发展，或使他们成为这个阶段或者这个领域发展的引导者。我们对于新的趋势，只有积极拥抱和投入，才能在人类社会的进步发展中做出更多的贡献。

笔者认为，基于万物互联的智慧世界中所有产品服务等前期整体价格和成本相对于传统设备与服务，会有所增高；而前期的体验者和尝试者，会是科技圈的粉丝或者对时尚、新科技比较了解和愿意接受的相对消费能力较强的群体。随着生态的完善，各项产品服务总体上价格会不断下降，普惠的人会越来越多。就中国市场而言，笔者认为消费能力和需求随着国家的强大和不断发展，是在不断提升的。

人们对美好生活的向往是社会发展的不竭动力，而基于鸿蒙操作系统的万物互联智能世界的各项产品和服务，会逐步普惠到每一个人、每一个家庭和每一个组织企业。当然，全球市场的拓展与深耕深挖，更是鸿蒙操作系统发展的优势与长项。对于国际市场发展与接受的过程来说，笔者认为和中国市场是一样的，至于国际市场中各个国家的经济情况发展等，是我们不能完全判断和把握的，但是，随着鸿蒙生态体系的完善、覆盖、服务能力的增强和各项边际成本的降低，笔者坚信会比 PC 互联网和移动互联网普惠更多的人。

6.3.12　全新的内容产出体系

我们以前通过媒体能了解到的，主要是基于人与人、人与服务的一些互动的环节，并且受技术反馈的速度、角度和主体的限制等，我们只能从一个角度或者几个方向去了解和记录场景中的各种呈现。

在鸿蒙万物互联智能时代，所能呈现出的景象不仅仅是人与人、人与服务，还有更多的人与物、物与物的各项信息交互与内容呈现。由于物联智能技术整体的发展，我们对每个场景中的以前无法呈现出来的视角、精细度、准确度、完整性，以及各种以前捕捉不到的画面、声音、数据等都会有全新的数字化内容输出给我们。所以，笔者认为随着鸿蒙操作系统的发展，会有区别现在的全新的内容产出体系，我们会感受到以前从未触及的各项新的内容。

由于万物互联，以手机为中心的无屏变有屏，各种屏幕之间的互通互联，各种智能设备对语音、文字、图片、视频的兼容传播等，未来内容的分发体系会更加多样化。其中包括基于鸿蒙操作系统的 VR、AR 等技术的不断升级，我们以前在科幻片中看到的虚拟人体映像立体投影的沟通方式将会成为现实。

笔者认为，未来的导演基于鸿蒙生态体系，在自己的作品中会有更多的想象空间和实现途径。当然，这个过程中也涉及新内容的规范管理等挑战。

6.3.13 管理机构和国际环境

国内的管理机构等对于鸿蒙生态的发展是积极支持的，笔者认为鸿蒙生态的建设，也属于政府推动和倡导的新基建的范畴。鸿蒙生态的发展，可以带动半导体产业的全面国产替代过程，可以加速国内制造厂商的转型升级及全球化发展，可以让国内现有的很多全球领先的网站、应用更加安全地发展，可以赢得新一代信息技术发展的主导权。

国际环境是复杂多变的，但是鸿蒙生态的发展战略，笔者认为不会随着国际环境的变化而有非常大的起伏和调整。鸿蒙生态会沿着华为已有的全球渠道、关系与资源发展，会和全球的生态合作伙伴们一起成长，也会随着中国全球贸易的关系的布局而扩张与强大。

6.3.14 鸿蒙操作系统的连接与底座作用

如果要说谁是万物互联智慧世界承载的“土壤”，谁能在这个“土壤”中长出和承载丰富多彩、各具特色的“生物”来。笔者认为是操作系统。因为无论是软件应用服务还是智能硬件，都是以操作系统作为整体贯穿的。所以，在上述的整个鸿蒙生态中，笔者认为鸿蒙操作系统起着连接、底座、总控和提供各项基础能力的作用。鸿蒙操作系统本身的不断发展、强大、创新，按发展规划逐步实现各项目标，是全生态成功发展的基础。

当然，一个强大的全新的操作系统生态的形成是需要一个过程的，是需要在实践中不断打磨和完善的，是需要和全球各项技术创新、各项需求融合的。所以华为与开放原子开源基金会等指导规划、管理与技术研发系统本身的主力部分的规划能力和执行能力等尤为重要，是所有生态发展的基础。

6.3.15 面临的挑战

任何一件事情的发展，都面临着各方面的挑战。鸿蒙生态的建设与健康发展的每个角色和环节一样重要。如何综合统筹、协调发展，包括技术与商业、本地化与全球化、应用与创新、兼容与个性化等都是需要智慧和艺术去平衡的。

其中最大的几个挑战：一是安全性的问题。在鸿蒙生态逐步发展起来后，相比于以前PC互联网与移动互联网更多、更大、更全、更丰富维度的海量的数据产生，特别是物与物、物与人的交互过程中各项安全性的问题是我们人类以前没有面临过和处理过的，所以这个是首要的挑战。关于这个问题笔者在第1章及其他各章中都有阐述，但是在实际的执行过程中，保障各个环节参与者的安全、获得参与者的信任是一个重大的挑战。

二是标准的问题。就像笔者所阐述的比较敏感的国内友商的相关事项一样，标准问题也是鸿蒙生态乃至万物互联智能世界需要面对的重大挑战。各种设备本身都有自己的标准体系，现在要实现设备和鸿蒙操作系统的融合，设备与设备之间的互通，多设备与多应用的场景整合服务，各厂商设备融入鸿蒙生态的标准，各厂商设备与设备之间的融合标准，各设备与各应用的连接标准，各项知识产权的归属等；在全球化发展的过程中各个国家和地区的各项标准、要求等。笔者认为基于华为前期全球化发展的经验和资源，基于开放原子开源基金会公益开源事业的全球推动能力，是具备处理好这些事情的基础的。

三是关于鸿蒙生态和其他各项新技术的相辅相成。在人类发展的过程中，在我们开发系统的实践过程中，很多系统和规划在完成时已经被技术淘汰的例子也非常多。技术创新领域日新月异，比如无芯片智能设备尝试、量子计算、6G、太空网络、航空航天、宇宙探索技术等都在不断发展与突破，人类各项知识技术的积累相对于以前都处于一个大爆发的阶段。鸿蒙生态系统的发展，需要在基于现有的各项技术基础上快速推进与落实，同时需要和这些新的趋势进行结合，在变化中不断升级。

四是鸿蒙生态中各个角色的健康和谐发展，形成命运共同体的挑战。如何在生态发展过程中，让生态合作伙伴公平、公正地拥有各自的荣誉、发展机会和各项回报；对各种恶意炒作、投机取巧、反面攻击等行为，进行正面引导和防范、及时纠错与处罚等，在形成真实世界的全面数字化、智慧化的同时构建全球典范的健康和谐发展的新操作系统生态，让生态发展中的每个角色形成共荣、共济、共同成长发展的命运共同体是最重要的挑战。

笔者坚信，问题和挑战往往是发展的最大动力，笔者所列举的各项挑战在鸿蒙官方团队的各项规划中，会有解决方案与逐步落实的具体步骤。笔者和广大生态参与者，也有义务和责任一起面对并解决各项发展过程中的问题和挑战。

6.4 社会整体影响

6.4.1 个人和家庭

本书讨论的内容和我们每个个体、家庭并不遥远，是紧密相连、相互影响的。因为基于鸿蒙操作系统的改变和创新，很大部分覆盖的就是我们日常生活、学习、工作等各个场景中的行为和思考方式。

我们每个人和家庭都在时代的浪潮中不断适应、成长和进行各项创造。基于鸿蒙操作系统的新软硬件构成的万物互联智能世界以人为中心、以用户和消费者为中心；目标是让人们生活、工作、事业更加美好。在这个新的万物互联智能世界中，在我们人生的各个场景中，会有各种组合的智能设备与软件成为我们全能的私人智能生活助手、出行工作管家、各项专业知识指导专家、安全保镖、健康保健营养师、学习辅导老师、心理咨询师等，为我们提供的服务将随处可见，随时使用。那么各种智能设备会不会和我们人类竞争各项工作岗位和工作内容呢？

首先，笔者认为智能软硬件会替代一些人类的工作内容是必然的，并且现在已经在实际中发生。在一些危险领域的探索比如一些洞穴、深海、矿井中的勘探有各种类型的机器人在使用，在一些危险场所和时刻需要施救的火灾现场中，我们也能看到很多智能设备的使用，在一些重复性工作中比如全是机器人组成的流水线生产工厂、大型仓库里的自动化分拣配送、终端无人配送、客服工作、2020 年很多公共场所的智能机器人体温检测等都是尝试。在一些相对复杂的领域比如语言翻译，智能教学辅导，机器设计，基础的会计、法律、医疗健康服务等都正在由人工智能所代替。当然我们还看到智能机器用在军事、宇宙探索、基因研究等前沿领域。

笔者认为在万物智能互联世界中，整个人类的生产效率会极大提高，各项生活、生成等物质的产生也会发生改变，就像我们现在看到的很多产品供大于求一样，以后各项物质会得到极大的丰富。

我们要做的就是去拥抱这种变化，让自已能很好地驾驭各种基于鸿蒙操作系统提供的便捷、方便、高能的智慧化协助，更好地去发挥自己的个性和创造力。

笔者认为，在新的鸿蒙时代和世界中，人的各项潜力会得到极大的发挥，人的价值和地位会得到提升。所以大家不必过度担心智能化会替代我们生活中的一切，我们只有不断学习、适应和成长，在万物智能互联的基础上更好地实现自我价值。

工业的发展、城市的发展、人口的不断流动、让很多的传统大家庭变成了小家庭，不少人和父母、儿女甚至夫妻间异地分开居住。PC 互联网、移动互联网特别是社交工具的发展，让家庭之间的沟通更加方便。而在万物互联智能世界中，会让各家庭成员之间的远程互动更加亲密，甚至有些场景能达到真实交流的效果。

比如家里安装的多个摄像头，可以通过手机、电视等随时看到家里发生的情况，可以随时通过摄像头和父母、子女等对话沟通。比如通过智能穿戴设备，我们可以随时感知父母身体的状况，并和家庭医生即时通信预防和处理各种意外或者进行健康监控提示；我们还可以通过智能手表知道孩子的位置、活动情况等。

我们通过远程调节空调、空气净化器、智能音箱等为家中成员营造舒适的环境并共享音乐。通过智能烤箱、冰箱等餐饮设备，了解父母饮食情况，根据需要与库存情况预定各种食材，直接送到家里；甚至我们可以指挥家里的智能机器人做饭、为家人盖被子等。当然，我们描绘的这一切是在取得各项授权的情况下进行的。

当然，基于鸿蒙操作系统的物联智能世界对家庭的生活改变不会只是远程沟通这么简单，在各方面都会有新的影响。就像我们现在离不开手机一样，智慧家庭正步入我们的生活。按照我们前面的各项阐述，我们的家庭生活方式将会发生改变，也许很多人会说这么自动化，成本会不会太高；还有那么多高科技，我们实际生活中真的能用到吗？

其实，每次科技浪潮的终端产品服务呈现都是会惠及每一个人和每一个家庭的。让每个桌面一部计算机，每人一部手机，让信息无鸿沟，通过网络让伟大的构想成为实现。我们要主动迎接、适应新的生活方式，让自己的生活变得更加美好。

基于鸿蒙操作系统的智慧家庭的实现更多的优势如下：

（1）让我们更加节能。智能设备和应用会对家庭里的各项能源做最舒适的调节，比如我们时常存在的空调忘记关了、空调温度太低并一直持续开着、空气净化器已经将室内空气净化却还在运转、热水器烧的热水用不完又自动冷却等情况，通过智能化调整，这些情况将不复存在。通过智慧化设计、控制，每个家庭还可以直接接收太阳能转化、存储支持家庭的各项能源运行等。

（2）让我们更加节约。平时我们采购的米、面、粮、油、零食等，会存在买多了或者因为各种原因没有及时食用而过期或者坏掉的情况；或者买的衣服、包、箱子、玩具等用了一段时间后丢弃。通过智能家庭的超级终端分析家庭各个成员的习惯并汇总，家居设备会给我们提供合适的采购计划，提示我们物品的使用情况，不用的东西及时进行评估或二手交易或捐赠等处理；让我们日常的生活更加节约。

（3）让我们更加健康。我们将通过各种智能穿戴、智能药箱、健康监测仪器等，对家庭成员，特别是老人、小孩儿等进行监测，通过鸿蒙构建的统一超级家庭终端分析，对我们的饮食、健康、养护、运动等提供科学的指导和监督执行体系，让老人们更加健康长寿，让小孩儿茁壮成长，全家各项饮食更加营养健康，作息运动安排更加合理。

（4）让我们更加安全。家庭超级终端对全屋进行安全监控和实时反馈调节，比如忘记关电器、灶台开关等事情造成的灾祸就不会发生；比如家庭火灾、各种有害气体中毒将不存在；还有食物安全也将进行溯源和全流程管理，家庭食物中毒将会成为历史；比如小孩儿可能在阳台等家庭危险区域受伤的状况将不存在。

（5）让我们更加高效。舒适温馨的家庭生活是我们持续奋斗的动力之一，智慧化的超级终端将会给我们营造一个促使全家不断学习进步的环境，比如老人们的专长通过智能机器人进行汇总与传承，并不断提升继续为社会做贡献；对于小孩儿们的学习指导、辅导与监督等，家庭超级终端会根据每位小孩儿的情况进行安排；而我们自己通过家庭超级终端智能联通世界，实现各项知识的获取、不断提升自己并实现家庭办公等。

以上笔者列举了一些基于鸿蒙家庭超级终端对我们生活的各项改变。通过从节能、节约、健康、安全、高效舒适五方面的综合分析来看，我们升级为鸿蒙超级家庭智慧化家居生活的长期综合成本，是要明显低于现在的。当然，也许到时候厂家还会通过降低首次配置成本、分期支付、按使用付费、共创价值等方式来降低综合成本。

笔者坚信，基于鸿蒙操作系统的智慧化家庭会惠及每个人和每个家庭。

6.4.2 未来企业和商业

我们先来分析智能设备的影响。

鸿蒙万物互联与智慧化的特征，改变了以往智能设备厂商的商业逻辑和模式。我们家购置和使用的电器，我最担心的就是机器出问题。因为我的感觉是销售商卖给我们之后，我们就和销售商没什么关系了。产品出了问题要去找厂家或者厂家指定的维修点或者服务中心，一般情况下设备说明书是没有保留的，如果机器上没有联系方式，那只能去网上查，而在网上查找时会有一大堆的维修、维护中介等，让我们有些茫然；有些设备上留有电话，但感觉那个电话很陌生，厂家离我很遥远，电话打过去有没有人接都不知道。很多设置了机器回复，关键是机器回复也不智能，人工客服上班后才处理问题。但是，当我们的机器出了问题时，肯定是希望第一时间找到解决办法，一般是比较急的。也就是说，家里的很多设备基本上从买回来后，就和厂家没有太大关系了。大部分的设备如果出问题了，基本上就是重新购买，因为维修保养太不方便，并且各项设备技术升级也非常快，老的设备用一段时间后就过时了。

但是，基于鸿蒙操作系统的智能设备却不一样。它让传统的智能设备厂商通过鸿蒙操作系统的设备、应用直接与每个终端设备用户连接与沟通。

设备厂商通过智能化设计与网络，可以监测到每个设备的运行情况，提前预警或者及时反馈设备的问题，可以提醒用户直接在设备配套的应用中通过多种方式和厂家直接沟通。有很多问题，厂家服务人员可能通过远程就可以协助解决，实在解决不了的问题，厂家再安排人员来维修，这个流程就通畅了很多。每个设备已经不再冷冰冰地执行功能，它们都是有感知的互联的机器人。

以前传统设备厂商需要通过漫长的渠道流程，去执行后续的维护、保养、耗材、关联产品的销售，而现在直接在设备的应用程序中根据用户的使用情况进行智能购配建议，成为用户设备良好状态使用的全能助理。现在每个销售出去的设备，对于厂商来讲，都是一个智能终端、流量入口与持续的收入来源渠道；也就是说通过充分地利用鸿蒙操作系统赋予硬件设备的各项功能，促进企业的发展，维持保护，改善升级的持续型服务。

如果生产型企业能够按上面所述的那样转型升级，那么用户在购买产品之后就不必再进行产品更换。生产企业可以通过日常的升级服务解决产品的故障，解决用户问题。对于购买这一商品的用户来说，他们自然不需要购买其他厂商的产品。

企业通过系统获取信息并进行接下，在出现严重问题之前及时修复，时刻保持产品最新、最佳状态等服务。同时厂商企业可以通过软件升级，通过与其他基于鸿蒙操作系统设备互助协调的方式，不断去扩充、升级、优化各项功能与体验。一个智能设备对于用户来讲，每升级一次软件，就会是全新的感觉；当然厂商也可以直接通过应用提示用户进行智能设备置换升级新设备的流程；总体来讲，设备的使用寿命周期明显会拉长，用户和设备厂商的各种沟通会非常便捷通畅。

无论是哪种类型的企业，都需要进行这种商业模式的转变，因为产品本身成了流通和销售渠道。即使我们的产品在功能和稳定性上处于优势地位，但如果竞争对手抢先建立起与顾客之间的联系，厂商与用户的黏度是非常高的，那么我们就很难再去改变用户的使用习惯了。所以，比竞争对手更早更快构筑这样的服务模式，是企业能够持续发展的重要因素。

基于鸿蒙操作系统的智能设备和用户的关系，从传统的首次付费销售模式转向按使用情况付费将成为可能。通过软件来定义硬件，实时联网，用户对设备的使用情况，可以像用水、电、网络一样被精准计量，那对设备的使用收费可以像收水费、电费一样，用户付少量的初始安装费用，后续按时间、使用情况等付费。这对笔者前面讨论的关于价格的问题是一种很好的解决方案。现在整体的供需关系是供应大于需求，大量的产品并不好售卖，现在用一种全新的认知方式，甚至前期可以免费让用户安装，直接按用户的使用情况来收费，因为在智能物联网时代，每个人和每个家庭的信任体系更加完善，不用担心用户赖账等情况。

通过全新的商业模式推动全新的产品服务体系，应该是一件非常令人激动的事情。通过鸿蒙操作系统保持智能系统软件的最新状态，利用云计算、大数据、人工智能与边缘计算等了解用户信息，将各类服务整合。预防维保，时刻保持最新化，感知用户需求，各项配套服务多元化。对于用户来讲，使用设备会比买断设备更加便宜、方便。

基于鸿蒙操作系统的各个场景，真正实现自我的时代将到来，就像我们对前面场景的分析一样，每个人在各个场景中，各种设备应用都会协调为他来服务，在服务的过程中会记录相关的数据，那么当这个人再次来到这个场景中时，所有的设备和应用就是为他个人服务了，提供的各项功能协调和其他每个人的都不一样，就像世界上没有两片相同的树叶一样，也不会有两个一模一样的需求。而以前的设备产品服务是基于一定特征的人群而设计生产的通用服务体系，比如按老人、小孩儿等来区分。在鸿蒙时代，将会实现真正的个性化。

分析完智能设备厂商，我们再来分析应用服务对企业、商业的影响，这部分其实我们在第4章中也有相关的讨论。如前所述，包括个体商业从事者、个体工商户、各种商业团队、公司、组织等，都需要有自己的云品牌，需要进行数字化、智慧化升级。

各种类型的企业是社会经济活动的主要参与者、就业机会的主要提供者、技术进步的主要推动者在社会发展中发挥核心作用，也是数字经济发展的主要力量。笔者认为基于鸿蒙操作系统的数字化、智慧化升级是在企业端的先知先觉才行，因为终端用户到鸿蒙生态中来时，需要有足够多的适合他们需求的应用，从另外一个角度来理解，也就是需要足够多的企业等来为用户提供服务。所以，笔者认为企业基于鸿蒙操作系统的数字化、智慧化应用服务的数量和功能情况是鸿蒙操作系统发展的重要评估指标。

企业向一个新的趋势转型加速。新的基于万物互联智能世界新趋势的投入，基于微软、安卓、苹果等PC互联网、移动互联网传统的操作系统进行各种尝试与创新，只是修改了前端的样式，底层智慧化与物联网的逻辑是没法改变的。因为其他操作系统的底层并不是基于未来、全场景而设置的。所以，企业等商业主体基于鸿蒙操作系统的新趋势升级进行技术开发与数字化、智能化运营，是一个必然的趋势。也是企业其他商业组织获取用户满意、获得后续竞争优势的关键。

基于鸿蒙操作系统的“未来企业”将是以数据为核心资产，以智能化运营为特征，具备创新能力的“新商业体”。大量的传统企业、PC互联网商业体、移动互联网商业体，基于鸿蒙操作系统的数字化、智慧化转型升级，是未来三到五年的热潮和大趋势。

6.4.3 引发的新产业升级

产业的范畴已经是非常成熟的，产业不是单独的企业或者集团公司的概念，而是把基于核心企业或者企业集团的上下游，终端用户与原材料供应商甚至原产地管理与原料提供基地管理在内的整个链条生态作为一个整体来看待和经营。

在产业方面的网络化与信息化也在不断进行中，基于技术各方面的局限性，现在的产业数字化、智能化水平还是不高。大部分只是简单的联网和数量、库存、财务等方面的管理。对于产业深度数字化、智慧化的融合发展，还需要基于鸿蒙操作系统这样的底层升级技术来进行。

由于基于鸿蒙操作系统的各种终端设备与用户直接连接互动，所以对设备厂商及应用服务商和整个产业链进行了全新的技术升级。基于某个或者某类别的产业整合的深度创新、协同和信任系统将会诞生。

通过基于鸿蒙全产业链的数字技术与行业知识的融合，数字化转型拉大企业竞争力差距，加速行业数字化转型和智能升级，形成具有颠覆意义的创新服务模式和商业模式。

基于鸿蒙操作系统全产业链从用户到源头原料提供环节的全面连接与智能化，促进企业间的全面协同发展，这是未来行业发展的关键因素。

基于鸿蒙操作系统的全场景、分布式能力，让产业链上所有关联者的数字能力与智慧能力普惠化。使工业数字技术的成本大幅下降，中小制造企业将真正享受到与大企业一样的数字智能化红利。

基于鸿蒙操作系统，产业链上全面互联与智能协同将重塑社会信用体系，构建新型的社会信用关系，让个人、企业之间突破传统的信任体系，在统一的操作系统上形成新的信任机制后，促进更高效、更低成本与更加精准的新的信任体系形成。

另外，基于鸿蒙操作系统，让各实体之间的数据全面安全互通。通过产业链上下游的相关企业，基于统一操作系统底座与各项创新的技术手段，可以形成管理协调合作伙伴、供应商、用户和内部员工等全新的生态系统。

6.4.4 全社会资源最佳协调

正如笔者在前面的分析，基于鸿蒙操作系统的智慧家居、智慧生活状态下，我们的能源会更加精准化使用，我们的生活物资将会更加合适的调配，我们将会整体过上更加节能、节约的生活。

这种精准、节约的方式，不仅是在室内涉及，也会涉及社区、整个城市与整个社会。所以，笔者认为，基于鸿蒙操作系统的全场景智能化会促进社会资源的全面协调化运行。基于全面联网智能化的社会是更加高效的社会，人们渴望更紧密的沟通，梦想着前所未有的生活方式，这些需求驱动着无限可能与无尽机遇。包括我们前面场景分析中涉及的智慧出行通畅愉悦，人机协同工作弹性灵活，更加主动的公共服务等。

在整体系统的数据化、智能化的调度下，社会中的每个人、每个商业体和组织等都会体现出各自个性化的需求和各项资源匹配与支持。通过智能设备的感知和连接，对自然环境、社会环境中的各项物质资源的联动管理调用也更加精确化。这样的体现会显著地协调社会的发展，协调供需之间的不匹配情况，减少各种重复建设和不必要的浪费，精准监测各种污染情况、危险情况的发生并进行及时反馈处理等。

各种智能设备全面联入鸿蒙操作系统的城市，不再是钢筋水泥的简单堆砌、马路高楼的机械累加，农村也不再是广袤的原始的土地、高原、和丘陵。它们将是个性鲜明、智慧鲜活的生命体。城市与农村的连接成为一个有机系统，与人体一样有大脑、中枢、骨骼、肌肉、血液、五官，还具有新陈代谢、自适应、生长发育、不断演变和进化等典型生命特征。

通过数据化、智能化升级，相关管理职能部门对所辖区域的规划、管理、服务能力不断提升；同时通过高效便捷的联网体系，让居民拥有“获得感”“参与感”。在自上而下的决策流程过程中，让居民真正参与到决策的制定和执行过程中，并提供了基础的完善的信息基础体系。

人、企业、政府是社会关系里重要的组成主体，需接受智能化、万物互联新型技术生态的各项挑战。通过鸿蒙智慧互联系统的接入，形成平等的合作型伙伴关系，依法对社会事物、组织和生活进行规范和管理，利用新技术手段提高政务效率，创造良好的营商环境，实现过程的高效与透明，实现公共利益最大化，构建“新治理”体系，充分发挥技术的价值和优势，扩展信息覆盖空间，提升资源配置效率，尤其是数据在个人、企业、政府之间的合规流转，可以有效提高公共资源的利用效率，进而转化为社会收益并对社会资源实现最佳的协调。

6.4.5 更加稳健的全球市场

纵观科技浪潮的发展历程，每一次新的技术力量的崛起和发展，都和当时的大环境分不开。没有所谓的“鸿蒙时代”，只有“时代中的鸿蒙”。

无论是华为的成长、开放原子开源基金会的成立与发展，还是鸿蒙激起的大众参与的热情等，都和中国改革开放 40 多年来所取得的伟大成就息息相关；包括笔者有幸来创作本书，也属于时代的幸运儿。

在 2020 年这个特殊的年份中，中国国家统计局数据显示中国全年 GDP 增速保持正增长，国内生产总值历史上也首次突破 100 万亿元大关，稳居世界第二。中国海关总署数据显示，中国成为该年度全球唯一一个实现贸易增长的主要经济体。基于我们强大的综合国力与不断地发展，我们的企业也需要更加自信，用全新的心态和行为来发展全球市场。

当然，我们国家综合实力的变化，是能从数字上能看到的，但是有些人的内心还是没有随之改变，还是停留在以前世界对中国的认知层次。相对于发达国家，内心是弱小、卑微与不自信的。对国产的产品和技术的各项创新都处于不自信状态。

我们提倡的自信不是自大，不是目中无人，而是基于我们现在所处的客观阶段来调整我们的国际市场策略。让我们从人类社会工业技术发展历史的角度来审视鸿蒙生态的发展吧！

近代人类社会的发展从历史上先后经历了三次工业革命。一是蒸汽时期，推动着农耕社会向工业发展的过渡；二是电气时期，电力、钢铁等重工业兴起，石油新能源快速普及应用，交通迅速发展，逐渐形成全球化的政治、经济体系；三是信息时期，电子计算机与网络的广泛应用，促进了生产、管理、科技等部分的全面现代化，同时也产生了更多的普惠价值。

第一次工业革命和第二次工业革命，中国因为各种原因错失深度参与的机会。面对这次的科技变革，中国已经是世界最大的信息通信技术生产国、消费国和出口国，出现了华为、中兴等一批在这个领域非常优秀的世界级公司。笔者认为构建全新的万物互联智能世界也属于第四次工业革命甚至是未来化发展的范畴，现在我们清晰地观察到物品与物品、物品与人类社会的相关信息等还没有被大量的云端化、数据化与智能化应用。在智慧物联网领域，全世界还没有任何一家企业处于绝对领先的地位。

不管以前的工业革命与世界互联网企业获取了多少信息，万物互联智能社会需要收集的数据与各项具体配套的基础建设比如 5G 网络的普及等都刚刚开始。在全世界范围内，任何企业在智慧物联网领域的信息收集和人工智能等新一代技术的发展上都是处于同一起跑线，也许我们还处于优势地位。

基于鸿蒙操作系统的智能设备品牌与应用服务等，特别是国内的厂商与公司等，沿着鸿蒙操作系统的发展规划进行全球化运营，有很大机会成为全世界各自领域耀眼的明星。

鸿蒙操作系统的诞生和发展，给国内企业提供了一个更加稳健的全球市场运营基础底座，让大家的成长与扩张更具备可规划性。笔者坚信，在万物互联的智能世界中，中国企业主导的世界级公司会越来越多。当然，我们并不排斥和轻视国际上的任何合作拍档与生态参与者。鸿蒙操作系统是开放、公平的生态，所有生态参与者都可以在此基础上实现自己的梦想。笔者只是强调了中国企业基于国家逐步强大的背景，具备很多地区创业者、经营者不具备的优势。

虽然有各种阻碍和困难感觉难以逾越，但我们也要一步一步去征服它。笔者觉得鸿蒙操作系统的诞生和发展，也具有这样的精神和勇气。在此感恩所有同行者的付出与努力，让我们和鸿蒙操作系统一起服务全球用户并征战科技的星辰大海吧！

参考资料

[1] 李洋. 云品牌战略——网络时代与网络世界中企业强盛之道[M]. 北京：光明日报出版社，2012.

[2] 罗伯特·斯考伯，谢尔·伊斯雷尔. 即将到来的场景时代[M]. 赵乾坤，周宝曜，译. 北京：北京联合出版公司，2014.

[3] 小泉耕二. 2小时读懂物联网[M]. 朱悦玮，译. 北京：北京时代华文书记局，2019.

[4] 阿什利·万斯. 硅谷钢铁侠：埃隆·马斯克的冒险人生[M]. 朱悦玮，译. 北京：中信出版社，2016.

[5] 吴军. 浪潮之巅. 2版[M]. 北京：人民邮电出版社，2013.

[6] 罗宇，文艳军. 操作系统. 5版[M]. 北京：电子工业出版社，2019.

[7] 曾凡太，刘美丽，陶翠霞. 智能硬件开发与智慧城市建设[M]. 北京：机械工业出版社，2020.

[8] 易经[M]. 周鹏鹏，译. 北京：北京联合出版公司，2015.

[9] 山海经[M]. 贾立芳，译. 北京：北京联合出版公司，2015.

[10] 王希海，望岳，吴海亮，等. 华为HMS生态与应用开发实战[M]. 北京：机械工业出版社，2020.

[11] 普拉达. C++PrimerPlus 中文版. 6 版[M]. 张海龙，袁国忠，译. 北京：人民邮电出版社，2012.

[12] 明日科技. Java 从入门到精通. 5 版[M]. 北京：清华大学出版社，2019.

[13] 弗兰纳根. JavaScript 权威指南. 6 版[M]. 淘宝前端团队，译. 北京：机械工业出版社，2012。

[14] 刘向南. 小程序时代[M]. 北京：清华大学出版社，2017.

[15] 张磊. 价值[M]. 杭州：浙江教育出版社，2020.

后记

再出发

笔者一直认为理想人生的发展路径莫过于求学立志、成家立业、著书立说。所有美好的事物，都在于从努力奋斗中获得。

笔者和夫人尹皎洁都是中国人民大学自考的本科毕业生和管理学学士。十多年来我们相互理解和扶植，笔者觉得生活很幸福，现在女儿李尹靖婷 12 岁、儿子李尹靖轩 8 岁，一路走来，家庭永远是最温馨的港湾。感谢他们一直对我工作及本书创作期间中的理解和支持，毕竟陪伴孩子们和家庭生活的时间有些少。一切荣耀归于父母，我们家庭所有的收获，要感恩父亲李小平、母亲陈秋吾、岳父尹文明、岳母郭建红对我们的生活和工作上的关爱与帮助。让父母骄傲，让孩子们自豪，我想这是我们选择工作与事业的重要标准。成为鸿蒙先行者并深度参与鸿蒙操作系统前期的各项发展及创作本书，笔者认为这是有重要价值和意义的事业。

本书的创作过程和笔者所在公司“蛟龙腾飞”的技术、运营、营销团队，在鸿蒙操作系统相关的各方面全力以赴进行学习、实践与传播等紧密相连。深圳市蛟龙腾飞网络科技有限公司，正从

PC 互联网、移动互联网技术开发与运营服务主营业务向基于鸿蒙生态的万物互联智能世界中的高科技智慧物联网公司转型升级。感谢蛟龙腾飞公司发展过程中股东董会义、颜学盟、余国强的理解与支持，以及公司曾经的股东杨义、杨昌海、马兵、李娟、杨劲松的的付出。感谢蛟龙腾飞公司的员工团队、业务合作拍档与合作客户，是大家的信任、共同努力与各项要求促进公司持续坚持、成长与发展的。

另外，本书创作过程中，需要特别感谢以下参与者各方面的付出。

技术开发运营团队：舒映、柳智浩、谢阶军、李成、尹皎洁，以及我们的合作开发者彭子鑫、李涛、吴振洲、张静文等。

图片设计师：李成、李江、韦惠飘。

本书中相关英文、中文翻译人员：周仕斌、周毓捷、程佳璇。

社会调研和市场反馈参与人员：李长武、李琼、王玲、黄华辉、李锋、池红卫、王勇、胡振明、马家银、边颖秋、郑荣和、陈刚、杨亚芹、龚明、李海燕、王霞、赵立顺、魏玲等。

本书创作过程中积极参与的朋友：周仕斌、周毓捷、黄林淼、郑高叠、程佳璇、刘付元、尹文伟、周超、刘东明、田建明、黄超群、蔡烨、董小兵、贺小玲、彭增华、温佛明、范超杰、虞健、陈伟宁、陈伟鸿、谢正添、黄金龙、孙峰翔、郭守云、邓议、彭晓莲、刘萍、雷昭星、张奎栋、尹立文、何肇辉、李练、谭双贵、陈泉、刘恩元、谢卫强、屠鑫达、曾煒麟、梁汉星、刘富上、鲍文涛、陶炳祝等。

本书创作过程中积极支持、参与讨论和实践的合作拍档与客户：昌恩智能、樱花云科技、佰链超市、5U 出行、惠便利、老郎中、南岛、言朋律师事务所等。

本著作的出版，感恩时代赋予的能量与责任，在路上，再出发！